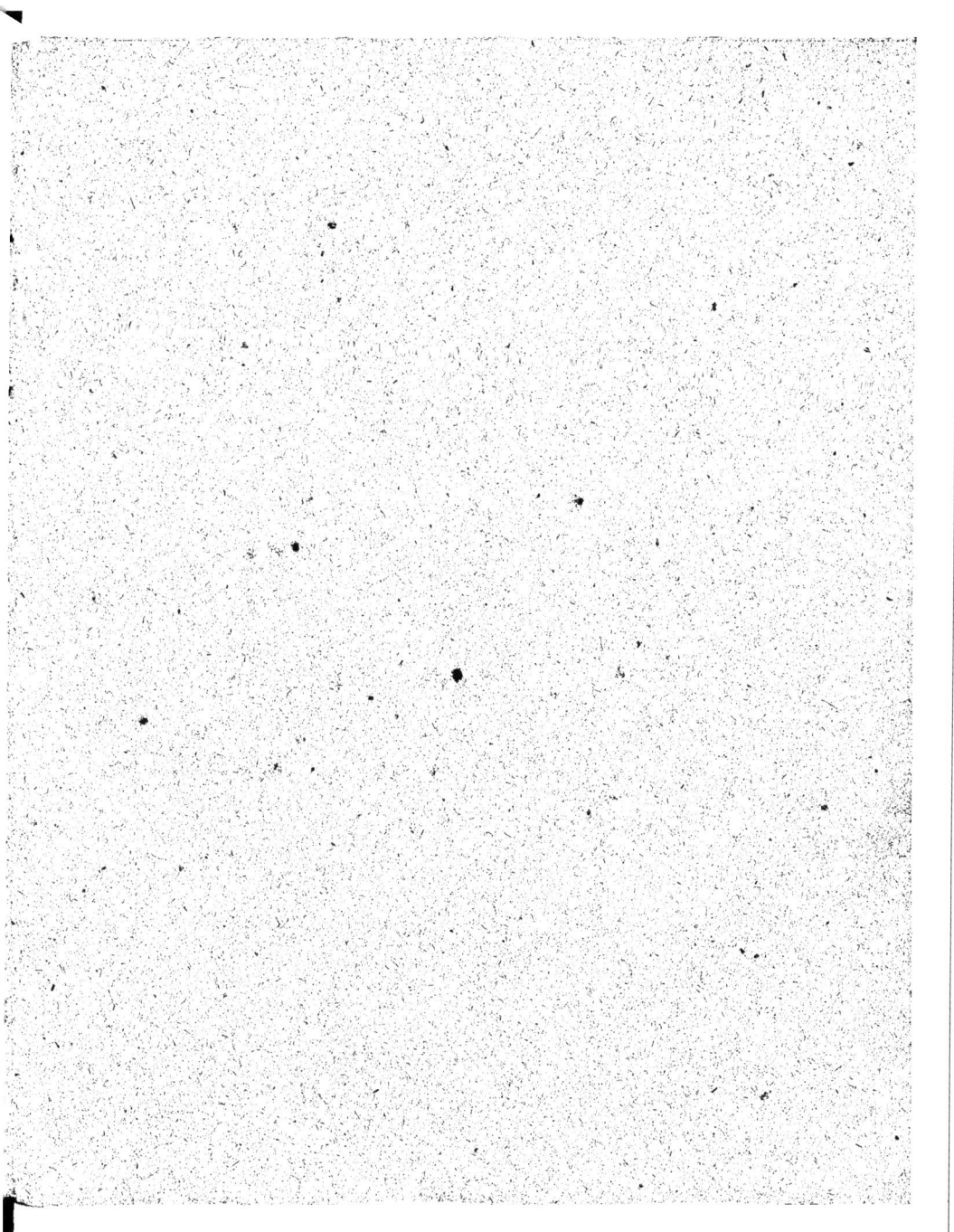

V

15893

LIQUIDATION

DE LA

SOCIÉTÉ D'ASSURANCES MUTUELLES

CONTRE L'INCENDIE

DE DIJON.

RAPPORT

Fait à Messieurs les Membres du Conseil d'Administration de la Mutualité Dijonnaise Immobilière, liquidateurs de cette Société, par M. DENIS, directeur de la liquidation.

1er Janvier 1853.

MESSIEURS,

Le dévouement qui vous a déterminé à accepter les difficiles fonctions de membres du conseil d'administration de la Société d'assurances mutuelles, dans les graves circonstances où s'est trouvée cette Société, si difficiles, en effet, que vous avez été dans la nécessité de provoquer (1) sa dissolution, a fait peser sur vous le lourd fardeau de sa liquidation. C'est bien vous, Messieurs, en effet, qui en êtes les véritables liquidateurs; je ne suis que votre mandataire, vous le savez : tous les actes de ma gestion se font en votre nom, sous la surveillance, comme vous l'avez prescrit, d'un commissaire – contrôleur qui vous représente (2) ; mais j'ai besoin, pour mener à bien l'œuvre que vous m'avez confiée, de vos lumières, de vos conseils, de l'influence que me donne

---

(1) Délibérations du conseil d'administration des 2 août et 27 décembre 1847. N° 1.
(2) Délibérations du conseil d'administration des 25 déc. 1849 et 19 mai 1849. N° 2.

l'honorabilité de vos personnes; j'ai donc l'espoir que votre constante sollicitude ne se démentira pas, et que vous daignerez me continuer votre appui
bienveillant, sans lequel il me serait de toute impossibilité, je le confesse,
de vaincre les obstacles et de surmonter les difficultés que nous rencontrons
à chaque instant.

Les succès que nous avons obtenus nous ont été vivement disputés ; ils ne
sont pas complets comme nous pouvions le désirer, comme nous devions
l'espérer ; il nous reste encore beaucoup à faire, et je ne puis, malgré mon éner-
gique persistance, vous indiquer le moment où votre mission sera terminée.

Toutefois, sans attendre l'entier achèvement de la liquidation, je pense qu'il
est utile de mettre sous vos yeux un exposé des différentes circonstances qui
peuvent avoir eu quelque influence sur nos opérations, de vous en faire connaître
les conséquences pour le passé et les résultats probables qu'elles auront pour
l'avenir. Les nombreux intéressés de la Mutualité attendent ces communica-
tions avec une légitime impatience que nous devons chercher à satisfaire en
livrant à la publicité le rapport que je vais avoir l'honneur de vous soumettre.

Pour ne pas être au-dessous, autant que possible, de la lourde tâche dont
vous m'avez chargé, et pour répondre à la confiance dont vous m'avez honoré,
j'ai consacré tous mes instants au travail de la liquidation ; je m'y suis livré
exclusivement, pénétré que j'étais de l'importance de cette laborieuse et difficile opération. Si de plus heureux résultats n'ont pas été obtenus, c'est que
cela était impossible ; je crois avoir consciencieusement fait tout ce qu'il était
humainement possible de faire : j'aime à croire que vous le reconnaîtrez. Il ne
faudrait point, cependant, tirer de cet exorde cette conclusion , que notre
droit, méconnu en quelques juridictions, contesté souvent par des débiteurs
récalcitrants et de mauvaise foi, nous paraît douteux ; au contraire, plus nous
approfondissons les questions soulevées à l'occasion de la Mutualité, plus nous
reconnaissons qu'elles doivent être résolues en notre faveur. Après m'avoir
entendu, vous partagerez mon opinion ; veuillez donc me prêter votre attention
bienveillante.

§ 1er. — Durée prolongée de la Liquidation.

Les procès que la Société a été obligée d'intenter et de soutenir sont nombreux ; il en est résulté pour première conséquence des dépenses considérables qui, nécessairement, réduiront les dividendes à distribuer aux sociétaires
incendiés. Ces dépenses ne comprennent pas seulement les frais mis à notre
charge par les décisions judiciaires qui nous ont été contraires, nous devons
y ajouter les honoraires des avocats, des défenseurs, leurs voyages, leurs frais de

route, et ceux des agents qui assistaient aux audiences pour nous y représenter quand nous n'y assistions pas nous-mêmes. Ces procès ont encore eu pour seconde conséquence, et la plus grave et la plus déplorable de toutes, de prolonger, au grand préjudice des sinistrés, une liquidation qui, sans cela, pouvait se terminer en moins d'un an, et qui malheureusement dure depuis cinq ans sans qu'il me soit encore possible, ainsi que je viens de vous le dire, d'indiquer le moment où elle sera achevée.

La persistance opiniâtre de nos débiteurs dans leur refus de se libérer n'est certainement pas fondée, cela est évident, et néanmoins c'est ce que nous sommes obligés de démontrer tous les jours. Nous discutons sur ce point avec succès toutes les fois que nous nous trouvons en présence d'hommes sages que la passion et la prévention n'aveuglent pas; mais malheureusement l'intérêt fausse le jugement du plus grand nombre. Voilà pourquoi les luttes ont commencé, pourquoi elles se continuent, et pourquoi aussi tant de décisions contraires sont intervenues.

Si les récalcitrants sont fondés dans leur refus de payer leurs cotisations, il faut déclarer tout nettement aux sinistrés qu'ils n'ont plus rien à attendre de la Mutualité; si, au contraire, il ne le sont pas, ce qui est vrai, nous devons persister dans nos poursuites et répéter, jusqu'à ce qu'enfin nous ayons pu faire comprendre aux magistrats qui doivent nous juger, qu'en donnant raison, contre la liquidation, à nos débiteurs, ils commettent une grave erreur fatale aux intérêts des malheureux incendiés.

Nous dirons et nous répéterons sans cesse, parce que c'est la vérité, que les sociétaires mutuellistes incendiés ne peuvent être indemnisés de leurs pertes qu'avec le produit des cotisations de leurs co-associés, et qu'à défaut par ceux-ci de verser leur mise sociale à la masse commune, il est impossible de payer aucune indemnité. Si cette vérité, qu'on n'a pas voulu comprendre d'abord et qu'on conteste encore aujourd'hui, avait été accueillie avec la faveur qu'elle méritait et qu'elle mérite encore, la Mutualité aurait rempli le but de son institution à la satisfaction des sociétaires incendiés.

§ 2. — Différence entre la Prime et la Mutualité.

L'erreur dans laquelle sont tombés généralement et ceux qui ont résisté à nos demandes et ceux qui ont prononcé contre nous, provient de ce que les uns et les autres n'ont pas voulu reconnaître la différence qu'il y a entre une compagnie à primes et une société mutuelle : compagnie ou société, en effet, c'est à peu près la même chose dans un sens, mais au fond il y a entre une compagnie à primes et une association mutuelle une énorme différence qu'il convient de faire remarquer.

Dans une compagnie à primes, il y a sous le titre d'actionnaires une réunion de capitalistes faisant par spéculation le métier d'assureurs, profitant des chances favorables et subissant à leurs risques et périls celles contraires, réalisant par cette industrie des bénéfices considérables qu'ils se partagent, sous le titre de dividendes, après le prélèvement des intérêts de leurs capitaux engagés dans cette spéculation. Il n'y a d'association, dans une telle compagnie, qu'entre les capitalistes assureurs.

Dans la Mutualité, ce sont des propriétaires qui s'associent entre eux pour se garantir mutuellement et réciproquement de leurs pertes, s'obligeant tous au même titre les uns envers les autres, étant en même temps assureurs et assurés, sans qu'il y ait entre eux la moindre idée de spéculation. Cette association est gérée par un directeur responsable, avec l'aide d'un conseil d'administration et un conseil général des sociétaires ; mais ce directeur n'est autre chose que le mandataire commun de tous les associés ; il n'est pas l'assureur des sociétaires ; qu'elle que soit sa gestion, nul ne peut s'en faire une excuse, un motif pour refuser sa mise sociale.

§ 3. — Explication des Dispositions fondamentales des Statuts.

Qu'on veuille donc bien lire avec attention les dispositions fondamentales des statuts de la Mutualité dijonnaise (3).

L'article 1er porte : Il y a Société anonyme d'assurances mutuelles contre l'incendie entre les soussignés (les membres fondateurs) et tous autres propriétaires de maisons et bâtiments situés dans les départements de la circonscription qui adhéreront aux présents statuts.

Le contrat de société n'est donc formé qu'entre les propriétaires qui ont adhéré aux statuts.

L'article 6 explique le but de l'Association qui consiste à garantir mutuellement ses membres des pertes occasionnées à leurs bâtiments par l'incendie et par le feu du ciel.

Le droit pour tout sociétaire incendié c'est d'être indemnisé ; c'est l'objet du contrat de Société ; c'est le but de l'Association.

Voici le moyen d'exécuter le contrat obligatoire pour tous, stipulé par les articles 20, 24 et 25.

---

(3) Texte des articles des statuts indiqués dans ce rapport. N° 3.

Au commencement de l'année sociale, chaque assuré verse à la Société moitié de la contribution, pour former un fonds de prévoyance destiné à donner un premier secours aux sinistrés. A l'expiration de l'année sociale, les sinistres sont soldés par la portion restée libre du fonds de prévoyance, et s'il y a un excédent de ressources, il est reporté à l'année sociale suivante, et les assurés ont d'autant moins à verser pour compléter le fonds de prévoyance.

C'est dans la prévision de ce cas que l'article 62 avait été rédigé en obligeant le directeur à dresser un tableau, qui devait être arrêté par le conseil d'administration, indiquant les limites dans lesquelles les appels de fonds nécessaires à l'acquit des charges sociales devaient être faits, d'après le montant des pertes, les premières indemnités payées et la somme restant due, travail qui est devenu inutile et qui a cessé de se faire depuis qu'on est dans la nécessité de faire appel du maximum des cotisations.

L'article 106, prévoyant le cas d'une liquidation de la Société à l'expiration du temps fixé pour sa durée, et dans des conditions favorables, porte que les fonds existants alors seront répartis entre toutes les personnes qui seront sociétaires au prorata de ce qu'elles auront versé dans la dernière année de la Société.

Toutes ces dispositions des statuts démontrent jusqu'à l'évidence que l'Association n'a subsisté qu'entre les sociétaires, que les sinistres ont été ses charges, que les cotisations ont été ses ressources, que l'appel de fonds sur les sociétaires a été fait dans la limite de ses besoins, et, qu'en fin de liquidation, les fonds libres, s'il en fût resté, devaient être partagés au prorata de la mise de chacun dans le cours de la dernière année.

Peut-on admettre, nous le demandons à tout homme de bonne foi, le contrat produisant ses effets en faveur des sociétaires lorsqu'il s'agit d'appels de fonds dans les strictes limites des besoins, du partage de l'excédent de ressources à l'expiration de la Société, et le repousser lorsqu'il s'agit du versement des mises sociales indispensables au paiement des indemnités dues aux sociétaires incendiés?

Tel est cependant le système des débiteurs récalcitrants, système accueilli par un grand nombre de décisions judiciaires, par suite de la confusion qui a été faite du caractère des compagnies à primes et des mutualités; comme si le directeur eût été autre chose qu'un mandataire, et les membres des conseils autre chose que des sociétaires subissant eux-mêmes les conséquences de leurs délibérations, s'imposant à eux-mêmes les charges qui pesaient sur tous; mais ne contractant, en raison de leurs fonctions, aucune responsabilité.

Il semble qu'on ait pris en considération, avant tout, les intérêts des débiteurs, sans penser un seul instant à ceux bien autrement sacrés des sinistrés, et à leur grand préjudice on leur a, pour ainsi dire, ôté tout espoir d'être indemnisés.

Je sais bien qu'on a mis tout en œuvre pour déconsidérer la Société mutuelle et qu'à force de calomnies, de propos absurdes, on est parvenu à faire croire dans le public que cette Société ne remplissait point ses engagements, qu'elle ne payait point ses sinistrés, et, tout naturellement, on en concluait qu'il y avait justice à lui refuser les cotisations qu'elle réclamait ; or, comme le débiteur trouvait son profit à ne pas payer, il propageait la prévention sans autre examen ; et pourtant il est faux que la Société ait manqué à ses engagements et qu'elle n'ait pas payé ses sinistrés dans les limites de ses obligations.

§ 4. — Application de l'article 26 des Statuts aux exercices clos.

Sur vingt années d'existence de la Société, de 1825 à 1844 inclusivement, elle a complétement indemnisé ses sinistrés, à l'exception de ceux des années 1839, 1840 et 1842 (4),

A ceux de l'année 1839, elle a payé le dividende fixé par les conseils de la Société à 90 pour cent (5).

A ceux de l'année 1840, elle a payé le dividende fixé à 50 pour cent (6).

A ceux de l'année 1842, elle a aussi payé le dividende fixé à 75 pour cent (7).

Nous offrons d'en administrer la preuve et nous mettons au défi nos adversaires de dire le contraire.

Les conseils, en fixant ainsi les dividendes revenant aux sinistrés de ces trois années à ressources insuffisantes, ont loyalement et fidèlement exécuté l'article 26 des statuts ; personne n'a donc à s'en plaindre, pas même les sinistrés incomplètement indemnisés.

Combien les débiteurs, qui ont motivé leur refus de paiement sur la prétendue inexécution des engagements de la Société, doivent regretter, s'ils ont de là conscience, l'erreur dans laquelle ils ont entraîné les magistrats qui leur ont donné raison contre nous ; mais combien plus encore doivent en avoir les magistrats dont les décisions reposent sur une erreur que la discussion n'a pu leur faire reconnaître ; car eux ont été bien certainement guidés par leur conscience.

---

(4) Tableau général des sinistres. N° 4,
(5) Réglement des comptes de l'exercice 1839. N° 5.
(6) Idem. 1840. N° 6.
(7) Idem. 1842. N° 7.

Qu'ils réfléchissent, aujourd'hui que le droit est plus positivement démontré, sur les conséquences de leurs décisions et sur le préjudice incalculable qui en résulte pour les sinistrés.

L'article 26 obligeait la Société à faire entre les sinistrés une répartition des ressources au marc le franc de leurs pertes, rien au-delà. En affranchissant les débiteurs du paiement de leurs cotisations, n'a-t-on pas diminué les ressources sociales au préjudice des créanciers? Il n'y a pas de solidarité entre les sociétaires, chacun payant en raison des valeurs assurées et selon la nature de ses risques, toute cotisation non recouvrée est une perte réelle pour le sociétaire incendié.

§ 5. — Exercices non clos.

Les exercices 1845, 1846 et 1847, sont ceux que nous liquidons; mais on doit comprendre que nous ne pouvons payer les sinistrés de ces trois années qu'au fur et à mesure des recouvrements effectués, ce que je fais faire en me conformant à vos délibérations; nous rencontrons encore quelques débiteurs récalcitrants qui nous font cette objection : payez les sinistrés des années 1845, 1846 et 1847, et nous paierons nos cotisations, comme si nous étions débiteurs de ces indemnités, comme si nous pouvions être tenus de les payer sans avoir préalablement encaissé les cotisations; cette objection s'évanouit à la moindre discussion. Mais l'esprit de chicane des récalcitrants ou de ceux qui les dirigent ou plaident pour eux en a bien trouvé d'autres; car, il faut le dire, tous les moyens imaginables ont été invoqués pour résister aux demandes de la liquidation : mensonges, calomnies, insinuations malveillantes, rien n'a été épargné ni aux hommes ni à l'institution. Nous luttons sans cesse contre ce mauvais vouloir, tantôt vainqueurs, tantôt vaincus, même en gagnant nous avons à payer les frais de la guerre et nous savons ce qu'il en coûte. Cependant il nous est impossible de ne pas poursuivre les débiteurs, c'est le devoir de la liquidation, devoir pénible, mais que nous n'en devons pas moins remplir; l'intérêt des sinistrés nous le commande; le droit existe, tous nos efforts tendent à le faire triompher.

§ 6. — Pouvoirs contestés des Liquidateurs et du Directeur.

On a dit, et on s'en est fait un moyen contre nous, que les liquidateurs étaient sans pouvoirs suffisants et que ceux du directeur mandataire des membres du conseil étaient contestables. Il a fallu plaider pour faire reconnaître les pouvoirs dont vous étiez investis comme membres du conseil d'administration, par l'article 106 des statuts. Le cas prévu par cet article est celui de la dissolution de la Société à l'expiration des trente années qu'elle devait durer; mais si la dissolution est prématurée, est-ce qu'il ne faut pas également une liquidation, et qui doit être chargé de cette mission ? L'article 106 dit que ce sont les membres du conseil d'administration ; c'est dans ce sens, du reste, que la question a été résolue par le ministre de l'agriculture et du commerce (8).

La cour de cassation s'est prononcée dans le même sens par son arrêt du 17 novembre 1849 (9), et le tribunal de première instance de Montbéliard (10) a, par son jugement en date du 28 juillet 1850, décidé que les dispositions de l'article 106 ne pouvaient être entendues dans un autre sens. Le jugement du Tribunal de Besançon (11) du 6 août 1849 est encore plus explicite.

Les pouvoirs conférés à M. Nicolas, ancien directeur, par votre délibération du 2 juin 1848 (12), et ceux que vous m'avez donnés par votre délibération du 25 février 1850 (13), sont donc parfaitement réguliers au fond et dans la forme ; au fond, parce que vous en aviez le droit; dans la forme, parce que le nombre de membres nécessaires à la validité de vos délibérations, selon l'article 75 des statuts, était présent aux séances où elles ont été prises.

§ 7. — Résolution demandée par suite du Traité avec la *Bienfaisante.*

Le traité conclu avec la compagnie à primes, la Bienfaisante, le 18 juillet 1846, dans les circonstances que nous rappellerons plus loin, a été le signal et l'occasion de la résistance organisée qui s'est immédiatement produite sur tous les points de la circonscription de la Société.

Tous les récalcitrants prétendaient que, par suite de ce traité, tous les sociétaires s'étaient trouvés, de plein droit, dégagés de leurs obligations envers la mutualité; et, cette prétention avait obtenu quelques succès dans certaines localités; dans d'autres, au contraire, elle était repoussée. Nous voudrions pouvoir mettre sous vos yeux le tableau de toutes les décisions contradictoires, rendues sur cette seule difficulté, vous en concluriez comme moi qu'il est fort regrettable de n'avoir pu soumettre à une seule et unique juridiction toutes les affaires de la Société. Nous avons eu successivement plusieurs arrêts favorables : celui de la cour de cassation du 20 mars 1849 (14), celui de la cour de Besançon du 2 mai

(8) Lettre contenant l'opinion du ministre de l'agriculture et du commerce. N° 8.
(9) Extrait de l'arrêt de cassation du 17 novembre 1849. N° 8.
(10) Extrait du jugement du tribunal de Montbéliard du 28 juillet 1850. N° 8.
(11) Extrait du jugement du Tribunal de Besançon, du 6 août 1849. N° 8.
(12) Délibération du 2 juin 1848, pouvoirs de M. Nicolas. N° 9.
(13) Délibération du 25 février 1850, pouvoirs de M. Denis. N° 9.
(14) Arrêt de la cour de cassation, 20 mars 1849. N° 10.

1849, celui de la cour de Paris du 2 février 1850 (15), ainsi que plusieurs jugements (16) de diverses juridictions.

Il demeure constant aujourd'hui qu'il n'y a point de nullité de plein droit; que
la partie, en cas d'inexécution des obligations résultant à son profit d'un contrat
synallagmatique, a le droit d'en demander la résolution, et que, faute par elle
d'avoir fait cette demande, elle reste engagée (art. 1184 du Code civil).

Tous les sociétaires qui ont prétendu qu'il y avait violation des statuts dans le
traité avec la Bienfaisante, et qui n'ont pas voulu rester dans la mutualité, ont
signifié leur intention de ne plus en faire partie ; les arrêts précités ont reconnu
qu'ils en avaient eu le droit. En usant de cette faculté on a fait éprouver à la
masse des valeurs assurées, une diminution qui, nécessairement, doit réagir sur
les cotisations de l'exercice 1847; mais, malgré ces réductions, la masse assurée n'est jamais descendue au-dessous du chiffre de huit millions, fixé par les
statuts, article 3, comme minimum au-dessous duquel la Société devait cesser immédiatement ses opérations (17).

§ 8.—Retrait de l'Ordonnance d'autorisation.

La Société mutuelle existait en vertu d'une autorisation donnée par ordonnance royale du 1er septembre 1824; elle était constituée pour trente années
qui n'auraient dû finir qu'au 31 décembre 1854. Les circonstances dans lesquelles elle se trouvait après le traité avec la Bienfaisante dont nous parle-
rons plus loin, vous ont déterminées à demander sa dissolution, et à lui
faire cesser (1) ses opérations le 31 décembre 1847. L'ordonnance royale du 8
février 1848 (18) a retiré cette autorisation ; voilà tout.

La Société n'a donc pas été dissoute de plein droit par la violation des statuts,
pas plus que le contrat d'assurance n'a été rompu entre les sociétaires par cette
même cause. La dissolution a été accordée à votre sollicitation; elle résulte d'une
ordonnance royale. Or, tant que la Société a existé légalement, les associés,

---

(15) Arrêt de la cour de Paris. 2 février 1850. N° 10.

(16) Jugement du Tribunal de Besançon du 6 août 1849, n° 10; de Châlon-sur-Saône
du 17 août 1852, réformant un jugement rendu par M. le juge de paix de Verdun-sur-
le-Doubs; jugement de la justice de paix du canton Nord de Châlon-sur-Saône du 18 octobre 1847; de M. le juge de paix d'Auxerre du 16 août 1850; jugement du juge de paix
de Saint-Germain-du-Plain du 28 octobre 1847, et autres rapportés par leurs dates.

(17) Voir le tableau des valeurs assurées de 1845 à 1847, inclusivement. N° 11.

(1) Délibération du 27 décembre 1847 déjà rapportée, N° 1.

(18) Ordonnance du roi du 9 février 1848. N° 12.

qui n'ont point fait connaître d'intention contraire, continuèrent à en faire partie jusqu'au 31 décembre 1847.

Le traité avec la Bienfaisante n'a par lui-même délié aucun sociétaire; il a, au contraire, stipulé que ceux qui ne voudraient point passer à la compagnie à primes la Bienfaisante, resteraient engagés à la Mutualité (19).

§ 9. — Prescription quinquennale non applicable aux cotisations mutuelles.

La prescription, ce moyen de libération que les honnêtes gens n'emploient jamais, nous a été opposée. On a invoqué l'article 2277 du Code civil; un seul tribunal l'a admis jusqu'à présent. Appel va être incessamment tranché du jugement qui est contraire à la jurisprudence de la Cour de cassation (20); nul doute qu'il soit réformé.

L'article 432 du Code de commerce spécial aux assurances maritimes n'est pas plus applicable que l'article 2277 aux cotisations des sociétés d'assurances mutuelles, qui sont des mises sociales affectées aux paiements d'indemnités non prescriptibles par cinq ans.

§ 10. — Augmentation des tarifs.

La question des tarifs a encore soulevé des difficultés nombreuses dont la solution a varié à l'infini.

L'article 107 des statuts contient le pouvoir de les modifier si, est-il dit, l'expérience en démontre la nécessité. Ce pouvoir est expressément donné au conseil d'administration, avec l'approbation, toutefois, du conseil général.

Tous les changements apportés aux tarifs ont été faits par le conseil d'administration, qui certainement en avait le droit, ainsi que l'a reconnu la Cour d'appel de Dijon par son arrêt du 30 mars 1847 (21); les délibérations qui les consacrent (22) ont toutes reçu l'approbation du conseil général (23).

Rien, en effet, n'a été plus susceptible d'être modifié que le tarif des maximums fixés par l'article 19 des statuts. L'expérience n'a pas tardé à faire connaître que telle classe ne payait pas assez, telle autre payait trop; il était du devoir du conseil d'administration d'équilibrer les maximums entre eux, de façon que chaque sociétaire payât en raison des chances que la nature et la classe de ses risques faisaient courir à la Société.

(19) Extrait du traité conclu avec la Bienfaisante. N° 12.

(20) Arrêt de la Cour de cassation du 8 février 1843. — Consultation de M. Delachère, avocat à la Cour d'appel de Dijon. N° 13.

(21) Arrêt de la Cour de Dijon, 30 mars 1847. N° 14.

(22) Délibération du conseil d'administration du 28 février 1845. N° 14.

(23) Délibération du conseil général du 9 mars 1845. N° 14.

On a prétendu que le pouvoir conféré par l'article 107 ne devait pas s'étendre au-delà du temps de la discussion devant le conseil d'Etat pour l'homologation des statuts. Le Tribunal de Pontarlier, par son jugement du 21 août 1849, a repoussé ce moyen ; M. le juge de paix du canton Est d'Auxerre l'a également repoussé par son jugement du 16 août 1850 (24). Cette jurisprudence est, du reste, conforme à une consultation très remarquable donnée par les avocats les plus éclairés du barreau de Pontarlier (25)

L'article 107 parle des modifications dont la nécessité serait reconnue par l'expérience. Est-ce qu'à l'époque de la discussion des statuts devant le conseil d'Etat, lors de la demande en autorisation, l'expérience pouvait être acquise ? est-ce qu'à cette même époque il y avait un conseil général des sociétaires ? Les fondateurs ont constitué un conseil d'administration provisoire, mais il n'y a eu de conseil général qu'après la mise en activité de la société ; évidemment, le pouvoir modificateur a toujours existé.

Les adhésions souscrites par les sociétaires se rapportent non seulement aux statuts tels qu'ils ont été primitivement arrêtés, mais encore à tous les changements déjà introduits par les conseils et à ceux qui pouvaient survenir.

La Cour de Besançon a sainement apprécié les modifications apportées aux tarifs : son arrêt en date du 2 mai 1849 (26) a tranché la difficulté dans un sens conforme à la raison et aux vrais principes.

On a reproché à ces modifications de tarifs d'être autant de violations des statuts ; mais en quoi donc les statuts ont-ils été violés ? Est-ce que l'article 107, au contraire, ne les permettait pas ? Au surplus, en devenant sociétaire mutualiste, on voulait obtenir l'indemnité complète des sinistres qu'on pouvait éprouver, ou au moins la plus forte indemnité possible en cas d'insuffisance des ressources sociales. Le conseil d'administration a voulu atteindre ce but, qui était dans l'intention de tous les sociétaires ; aussi a-t-on subi sans protestations contraires les augmentations successives des tarifs, et ce n'est que depuis la dissolution de la Société, depuis qu'on n'attend plus rien d'elle, qu'on trouve dans ces modifications une violation des statuts. Mais, encore une fois, une violation des statuts donnait à chaque assuré le droit de demander la résolution de son engagement ; il n'en est pas un seul qui ait usé de cette faculté en se fondant sur ce motif.

---

(24) Jugement du Tribunal civil de Pontarlier du 21 août 1849, et du juge de paix canton Est d'Auxerre, 16 août 1850. N° 14.

(25) Consultation de trois avocats du bareau de Pontarlier. N° 14.

(26) Arrêt de la Cour de Besançon du 2 mai 1849. N° 14.

§ 11. — Création d'une Réserve. — Solidarité des Exercices.

Une délibération du conseil d'administration (27), approuvée par le conseil général (28), et en vertu des pouvoirs conférés par l'article 107 des statuts, avait établi, dans un but d'intérêt général, une solidarité entre les exercices qui suivaient l'année où les ressources seraient insuffisantes.

Une autre délibération du conseil d'administration (29) autorisait la création d'une réserve, laquelle devait se former des bonis obtenus sur le fond de prévoyance (30).

Ces délibérations ont été approuvées par une ordonnance royale du 24 juin 1828 (31).

Malgré la sagesse de cette mesure, sa régularité en la forme comme au fond, les débiteurs récalcitrants s'en sont fait une arme contre la liquidation. Ils ont obtenu dans une justice de paix la condamnation de cette mesure si éminemment utile, ce qui prouve encore une fois que nos débiteurs n'ont rien épargné pour se soustraire à l'exécution de leurs engagements, et qu'ils ont trouvé de l'appui là où toutes les choses déloyales sont ordinairement flétries.

La réserve et la solidarité des exercices, avaient pour but de parer aux inconvénients qui pouvaient résulter de l'article 26 des statuts pour le cas d'insuffisance des ressources. Tous les sociétaires, tant que l'association a subsisté, étaient appelés à profiter des avantages qui devaient résulter de ces mesures; mais une fois dissoute, la Société ne devant rien produire à ceux qui n'étaient pas sinistrés, les sociétaires de mauvaise foi ont prétendu qu'elles consacraient une injuste illégalité.

§ 12. — Distribution des Avertissements.

Depuis le jour où il m'a été donné d'entendre un homme honorable, ancien notaire, suppléant de juge de paix, à qui la liquidation réclamait 15 francs pour les cotisations courues jusqu'au jour de la signification par lui faite de son intention de sortir de la Société, dire en pleine audience, à la barre du Tribunal où il pouvait siéger le lendemain pour prononcer contre nous, que tous les moyens étaient bons pour résister aux demandes de la Mutualité, il m'a été im-

---

(27) Délibération du conseil d'administration du 9 janvier 1826. N° 15.
(28) Délibération du conseil général du 18 janvier 1827. N° 15.
(29) Délibération du conseil d'administration du 9 février 1828. N° 15.
(30) Délibération du conseil général du 11 février 1828. N° 15.
(31) Ordonnance du roi du 24 juin 1828. N° 15.

possible de me faire illusion sur la moralité de nos débiteurs. A bout de moyens, ce débiteur s'est imaginé de dire qu'il n'avait pas reçu l'avertissement prescrit par les statuts pour le paiement des cotisations de 1847. Celui-ci a été admis, malgré tout ce que nous avons pu dire pour établir que les avertissements avaient été distribués pour 1847 comme pour les autres années, sans que rien ait jamais constaté cette remise, et que nous ne pouvions pas plus faire de justifications pour la distribution des avertissements de cette année que pour celle faite les années précédentes; que l'impression à la charge du directeur de 42,000 avertissements en 1847 était une présomption de leur distribution. Nous rappelions aussi les termes d'un jugement rendu par le Tribunal de Besançon (32) qui avait prononcé sur cette question en notre faveur : tout fut inutile, le débiteur de mauvaise foi eut raison. Nous fûmes déboutés et renvoyés avec dépens. Pour éviter un nouvel échec sur le même point, nous prîmes le parti de faire une distribution d'avertissements dans ce canton où le juge de paix avait décidé qu'elle devait être faite à peine de déchéance; nous fîmes constater par témoins la remise de chaque avertissement; il en est résulté des frais sans aucun profit; la résistance n'est pas vaincue, ce moyen lui échappant, on aura recours à un autre.

§ 13. — Etats de Recouvrements.

En administration, il faut faire tout ce qui est utile, sans aller au-delà, malgré le précepte si souvent répété : Ce qui abonde ne vicie pas.

Les états de répartition, c'est-à-dire de recouvrements, devaient être arrêtés par le conseil d'administration, après avoir été dressés par le directeur, lorsqu'il y avait lieu à faire un appel de fonds sur le reste de la portion contributive dans le cas de l'article 62 des statuts,

Il rentrait aussi dans les attributions du conseil d'administration d'arrêter les états de répartition et d'en ordonner le recouvrement (art. 77 des statuts).

La perception des cotisations de 1847 et des années antérieures qui nous restent à recouvrer a été autorisée expressément par le conseil d'administration; cependant, il nous a été donné de rencontrer un rigoureux formaliste qui a exigé de nous d'autres justifications, assimilant à des contributions reposant sur des bases incertaines le contrat d'assurance par lequel il s'est obligé à payer ses cotisations selon les tarifs arrêtés par les conseils et dues sur des valeurs indiquées par lui-même. C'était une chicane à la vérité : cinquante sociétaires récalcitrants comme lui et à son instigation devaient y

---

(32) Jugement du Tribunal de Besançon du 6 août 1849.

gagner s'ils ne payaient pas; mais quinze malheureux sinistrés d'une commune voisine, qui attendaient pour être indemnisés les versements de leurs co-associés, furent privés d'une ressource qui leur était bien nécessaire. Qu'on ne dise donc plus que la Société ne remplit pas ses engagements, quand il est si difficile d'obtenir des sociétaires qu'ils remplissent les leurs.

Cette mauvaise difficulté ne s'est pas représentée ailleurs.

La mutualité, voilà comme on l'entend, c'est une caisse toujours ouverte pour y puiser, jamais pour y verser.

L'article 77 est exécuté de la part des membres du conseil d'administration, par un arrêté des états à recouvrer rappelant par masses les bordereaux d'agence qui contiennent le détail par numéros. Les conseils généraux et les conseils d'arrondissement dans les préfectures et les sous-préfectures, ne font pas autre chose pour le repartiment des contributions. Les fonctions de membres de ces conseils ne sont pas rétribuées; celles des membres du conseil d'administration de la Mutualité ne le sont pas plus.

Ces états récapitulatifs sont passés aux écritures dans le même ordre; les registres sont tenus sous la surveillance du commissaire contrôleur, délégué du conseil en permanence auprès du directeur.

Les états dûment arrêtés, les registres, les délibérations, sont dans les bureaux; chacun peut les consulter; en faire la représentation à toutes les audiences de justice de paix est impossible; car, au moment où on en ferait la représentation à Pont-sur-Yonne ou à Cheroy, on pourrait être dans la nécessité de les produire à Montbéliard ou à Pontarlier. Il a donc été proposé et admis généralement que communication en serait faite à qui de droit sans déplacement. C'est à l'esprit plus qu'à la lettre des statuts qu'il faut s'attacher; l'article 77 a eu surtout pour objet de donner à l'assuré la certitude que sa cotisation ne dépassait point le maximum autorisé; c'est une chose toujours facile à vérifier.

Les délibérations du conseil qui statuent sur les comptes provisoires des exercices non clos, mentionnent les ressources sur les bases arrêtées par les états récapitulatifs; elles constatent les portions contributives à recouvrer sur chaque exercice, sur le pied des maximums déterminés par les conseils, et en autorisent la perception; la portion contributive, on le sait, est le complément de la cotisation, et faire payer le complément, n'est-ce pas autoriser à plus forte raison, la perception des premiers droits appelés fonds de prévoyance,

Mais, comme je vous le disais à l'instant même, en administration il ne faut jamais faire que ce qui est utile. Les maximums prescrits par les tarifs en vigueur sont obligatoires par suite d'une délibération du conseil d'administration du 9 janvier 1833 (33), et la perception en a été dès ce moment autorisée pour l'avenir jusqu'à ce que la réserve créée ait atteint un et demi pour mille des valeurs assurées; toute autre délibération serait superflue.

§ 14. — Déconfiture. — Faillite de la Société

On a reproché à la Société d'être en déconfiture, d'être en faillite ; on s'en est fait un moyen qui a été admis dans quelques juridictions. Déjà nous l'avons justifiée du reproche d'avoir manqué à ses engagements, et nous avons prouvé, par les documents annexés à ce rapport, que les répartitions faites dans le cas prévu par l'article 26 des statuts ont toujours été exactement payées; nous avons aussi démontré, à l'égard des exercices non clos, qu'il nous est impossible de payer les sinistrés sans au préalable avoir encaissé les cotisations.

Il était impossible que la Société tombât en déconfiture ; elle ne pouvait pas non plus être déclarée en faillite : la Société n'étant obligée envers les sinistrés que jusqu'à concurrence de ses ressources, se libérant par une répartition au marc le franc, et n'étant point commerciale.

Si, ce qui n'est pas, elle fût tombée en déconfiture, ou eût été déclarée en faillite ; je le demande à tous ceux qui se sont servis de ce moyen pour refuser les cotisations destinées au paiement des sociétaires créanciers, en est-il un seul qui, ayant des intérêts comme créancier dans une faillite, eût approuvé cette décision ? Et depuis quand la justice permet-elle qu'on s'affranchisse de sa dette envers un failli, et qu'on vienne augmenter la ruine de ses créanciers en ne payant pas ce qui est dû à la faillite? De pareilles décisions cependant existent ; elles ont été rendues dans le cours de 1848 et 1849.

Le moyen est donc non-seulement faux et absurde : il est odieux d'iniquité.

§ 15. — Juridiction arbitrale.

La Société a fait juger par arbitres, conformément à l'article 104 des statuts, toutes les difficultés dans lesquelles elle a été engagée tant que cette disposition ne lui a pas été contestée; mais du moment que la nullité de la clause compromissoire lui a été opposée, que cette nullité a été consacrée par divers jugements et par un arrêt de la cour de cassation en date du 10 juillet 1843 (34), elle a bien été obligée de se pourvoir devant les tribunaux ordinaires pour faire statuer sur toutes les contestations survenues entre elle et les sociétaires.

---

(33) Délibération du 9 janvier 1833. N° 16.
(34) Arrêt de la cour de cassation du 10 juillet 1843. N° 17.

L'article 1006 du Code de procédure civile tranche la question en termes formels ; néanmoins, tout récemment, nous étions déboutés de notre demande portée devant un juge de paix, qui se déclarait incompétent, attendu la disposition de l'article 104 des statuts. Nous avons dû trancher appel de ce jugement, et nous attendons avec confiance la décision du tribunal civil d'Autun, qui doit statuer incessamment.

§ 16. — Cotisations à recouvrer sur des sinistrés créanciers d'exercices clos.

Chaque exercice emploie ses ressources au paiement de ses charges ; la solidarité des exercices n'a été établie qu'entre les exercices laissant un boni susceptible d'être partagé entre les sinistrés des années à ressources insuffisantes. Dans ces années, les sinistrés n'ont droit qu'au dividende donné par la répartition des ressources, conformément à l'article 26 des statuts. Voilà ce que ne veulent pas comprendre les sociétaires qui se trouvent dans cette catégorie ; ils croient à tort pouvoir compenser les cotisations qu'ils doivent avec ce qui ne leur a pas été payé sur leurs indemnités, sans réfléchir que les cotisations qu'on leur réclame, qu'ils refusent de payer, dont ils veulent se libérer par la compensation, font partie des ressources des années auxquelles elles appartiennent ; que ces ressources sont indispensables au paiement des sinistrés de ces années ; qu'en ne le versant point, c'est aggraver leurs charges et causer un déficit là où il ne doit pas y en avoir, ou augmenter d'autant celui qui existe. En créant une solidarité des exercices pour le partage d'un boni, les conseils ont formellement décidé qu'avant tout les ressources d'un exercice étaient spécialement affectées aux charges de l'année. (Voir les pièces 28, 29, 30 et 31, n° 15.)

La liquidation ne pouvant admettre de compensation, est dans la nécessité de poursuivre ceux qui la lui opposent contrairement à l'équité, contrairement aux règles du droit, article 1291 du Code civil (35). Depuis, les droits de nos sociétaires non complètement indemnisés n'ont pas changé. Les sinistrés des années 1839, 1840 et 1842, sont restés dans la même situation. Les comptes des années 1841 (36), 1843 (37), 1844 (38), ont été apurés sans laisser aucun boni. Nous ne pouvons prévoir quel sera le résultat de la liquidation ; mais, vu sa durée et les obstacles onéreux qu'elle rencontre, les non-valeurs qu'elle supporte, il est probable qu'elle ne laissera aucun boni à répartir ; et à coup sûr elle n'en lais-

---

(35) Consultation de M. Delachère, avocat à la Cour d'appel de Dijon. N° 17.

(36) Apurement des comptes de 1841, délibération du 11 août 1843. N° 18.

(37) Apurement des comptes de 1843, délibération du 18 janvier 1847. N° 18.

(38) Apurement des comptes de 1844, même délibération. N° 18.

sera point sur 1846, puisque cet exercice, au contraire, éprouvera une insuffisance de ressources plus élevée qu'aucun autre. C'est donc sans fondement que
des sociétaires poursuivis se font faire des cessions de créances à l'effet d'op-
poser des compensations, surtout de créances appartenant à des incendiés qui
n'ont point continué leur assurance. Une délibération du 2 juin 1842 (39) les
déclare déchus de toute participation aux bonis laissés par les années suivantes.

§ 17. Cotisations dues par des sociétaires sinistrés partiellement ou ayant renouvelé ou continué leurs assurances.

Parmi les débiteurs qui nous résistent, nous rencontrons assez souvent des sociétaires qui ayant été incendiés quelques années avant la dissolution de la société, demandent à être déchargés de leurs cotisations. Dans certains cas cette
demande est juste, mais dans beaucoup d'autres elle ne l'est pas.

Si le sinistre a été total, si l'assurance n'a pas été continuée par le paiement des
cotisations échues postérieurement au sinistre, il est juste d'annuler les cotisations
refusées.

Mais si le sinistre n'est que partiel, quand même depuis le sinistre on n'aurait
rien fait qui pût faire présumer l'intention de continuer l'assurance, les cotisations sont dues, elles doivent être exigées, mais il peut y avoir lieu à une réduction, qu'il est juste d'accorder. (Article 64 des statuts.)

Lorsque l'associé sinistré est resté assuré sous son ancien numéro, et qu'il a
continué à payer ses cotisations comme avant le sinistre, on doit supposer qu'il a
été dans l'intention de continuer son assurance, et que les propriétés assurées ont
été rétablies dans les mêmes conditions, le refus de cotisation n'est pas fondé.

Il ne l'est pas non plus lorsque le sociétaire a annulé son ancienne police, qu'il
en a souscrit une nouvelle ; il n'a, dans ce cas, aucune raison légitime à nous op-
poser.

§ 18. — Défaut du dépôt aux greffes et aux préfectures des extraits de situation annuelle de la Société.

L'ordonnance d'autorisation obligeait la Société à remettre chaque année un
extrait de sa situation aux greffes des tribunaux de commerce et aux préfectures
de sa circonscription.

Cette obligation a été remplie ; mais, ne l'eût-elle pas été, est-ce qu'il a pu
être juste d'en faire subir les conséquences aux sinistrés ? C'est pourtant ce qui a

---

(39) Délibération du conseil d'administration du 2 juin 1842. N° 18.

été fait dans une justice de paix, non pas sur ce que cette condition de l'autorisation n'avait point été exécutée, mais sur ce qu'on n'en rapportait pas la preuve à l'audience même. Cette justification n'était pas de nature à être administrée à une audience ; il aurait fallu, pour que cela fût possible, que la Société retirât lors des dépôts autant de récépissés qu'il y avait de justices de paix dans toute l'étendue de sa circonscription. Ainsi, en déchargeant un sociétaire de ses cotisations sur ce motif, on a mis à la charge des sinistrés une responsabilité qui ne devait point peser sur eux. Les preuves de l'accomplissement de cette formalité sont, au surplus, à la disposition de tous les sociétaires dans les bureaux de la liquidation où elles doivent demeurer.

§ 19. — Résistance systématique et coalition des débiteurs.

Ce qui précède est la preuve de l'intention bien arrêtée des débiteurs de résister à nos poursuites ; c'est un système qui a été habilement organisé par les adversaires de la Mutualité.—Encore, si chaque débiteur n'était mu que par son propre intérêt, s'il ne recevait pas l'impulsion de quelques intrigants, ou s'il ne cherchait pas lui-même à influencer d'autres sociétaires, la liquidation parviendrait avec plus de facilités à avoir raison de ses adversaires ; les coalitions sont l'œuvre de quelques agents de la prime qui se trouvent obligés de payer des cotisations dont ils ont pris l'engagement d'affranchir les mutuellistes qu'ils ont repris. Nous devons le dire, en présence d'une résistance si compacte, nous avons été obligés d'organiser aussi notre système d'attaque, de combiner nos poursuites selon les chances qui nous attendaient dans les différentes localités, de les suspendre parfois pour ne pas compromettre le salut de la liquidation.

§ 20. — Lenteurs des recouvrements.

On s'étonne que la liquidation ne marche pas plus rapidement ; peut-être devrait-on s'étonner davantage qu'elle marchât avec fruit pour les sinistrés. Nous avons à faire à des hommes prévenus contre la mutualité ; ils sont dans l'erreur et ils ne veulent pas qu'on les éclaire. Toutes les circonstances que je viens d'avoir l'honneur de vous rappeler, et dont vous trouverez la preuve dans les bureaux de la direction, doivent vous expliquer pourquoi nous n'arrivons pas plus vite au but.

Il m'est bien permis, je le pense, de vous signaler une autre cause du retard que nous éprouvons, cause qu'il nous est impossible de surmonter. Mes instances auprès de tous les correspondants de la liquidation sont pressantes, mais les huissiers rencontrent tant de difficultés dans certaines localités de la part de ceux qui devraient protéger l'exercice de droits légitimes, qu'ils n'osent pas se résigner à donner une assignation. Je ne veux pas en dire davantage, vous devez comprendre ma réserve.

§ 21. Poursuites. — Saisies-arrêts.

Quelques créanciers de la Société ont eu l'idée de diriger contre elle des poursuites à fins de paiement des indemnités qui leur étaient dues. Nous avons vu un tribunal, qui nous avait toujours déclarés non-recevables dans nos demandes contre nos débiteurs, accueillir celles de nos créanciers, ne voulant pas comprendre que la Société n'était débitrice envers les sinistrés que jusqu'à concurrence des cotisations encaissées. Or, en nous privant de ce droit, on ne peut concevoir qu'il nous imposât l'obligation de payer. Ceci prouve que les demandeurs aussi bien que certains juges ne comprenaient rien à la mutualité. Heureusement, les demandeurs ont arrêté là leurs poursuites, en ont payé les frais et se sont désistés du bénéfice des jugements qu'ils avaient obtenus. Mal conseillés d'abord, ils n'ont pas tardé à reconnaître leur erreur.

D'autres créanciers ont avisé un autre moyen; ils ont fait pratiquer des saisies-arrêts entre les mains de nos comptables, entre les mains des sociétaires débiteurs, mais ils n'ont pas tardé à reconnaître aussi qu'ils faisaient fausse route et ils se sont désistés. Cependant, il en est un, créancier de 1840, qui ayant touché son dividende de 50 pour 100, persista jusqu'à ce qu'un jugement du tribunal civil de Dijon déclarât son action sans fondement et le renvoyât de sa demande en validité. La cour de Besançon a jugé dans le même sens dans l'affaire Tisserand.

Un auteur célèbre par sa science profonde, s'exprime ainsi, dans son *Traité du Contrat de Société* : « Pour qu'il puisse remplir son mandat (celui de liqui-» dateur), dit-il, et imprimer aux opérations de la liquidation la célérité et » l'unité désirables, les associés ne peuvent s'immiscer dans ses actes. Ils se sont » dépouillés de toute action; ils ne doivent pas troubler le liquidateur par une » importune intervention. (TROPLONG, page 487.)

Une saisie-arrêt n'est-elle pas une immixtion qui paralyse les opérations du liquidateur? N'est-elle pas une intervention importune, ruineuse, dont le moindre effet est d'empêcher un partage égal que la liquidation est chargée d'établir entre les ayants-droit? partage égal auquel il faudra bien revenir un jour, car il serait souverainement injuste que le créancier impitoyable qui par des poursuites rigoureuses a occasionné des frais considérables, eût encore le privilége d'obtenir un paiement intégral, quand ses co-associés ne touchent qu'un dividende restreint.

Les associés se sont dépouillés de toute action; les associés mutuels surtout, car

ils ont adhéré à des statuts qui confèrent aux membres du conseil d'administration la liquidation à laquelle ceux-ci procèdent.

On a voulu que le sociétaire porteur d'un titre exécutoire, d'un jugement ayant
acquis force de chose jugée, fût placé par cela seul dans une position exceptionnelle qui lui donnât le droit de former une saisie-arrêt. Je n'en persiste pas moins
à soutenir, malgré les jugements et les arrêts rendus, qu'entre les créanciers au
même titre il ne peut y avoir de position exceptionnelle ; que c'est créer un privilége en faveur d'un individu qui n'en n'a pas plus que tous ses autres coasso-
ciés ; que ce privilége est d'autant plus contestable qu'il porte atteinte à celui du
directeur de la Société, qui ne peut plus obtenir sur les cotisations arrêtées le sa-
laire du mandat qu'il a rempli ; à celui des membres du conseil d'administration,
comme liquidateurs, qui ne pourraient, si chaque créancier usait de ce moyen,
se remplir des frais de gestion occasionnés par la liquidation.

Mais dans l'espèce, la saisie-arrêt est encore plus injuste, car le créancier qui
l'exerce a la prétention de s'emparer des cotisations des années 1844, 1845, 1846
et 1847, au préjudice des créanciers des exercices 1844, 1845 et 1846, quand
lui-même n'a droit réellement qu'aux cotisations de l'année 1847, pendant laquelle il a été sinistré.

Nous avons dû nous défendre devant toutes les juridictions contre une prétention que nous ne trouvons pas juste.

Les créanciers de la Société ont quelquefois détruit eux-mêmes la confiance
que nous croyons mériter, et ont pu faire douter de notre sollicitude pour la dé-
fense des intérêts que nous représentons, ceux surtout qui voulaient toucher
au-delà du dividende que vous m'avez autorisé à payer. Qu'ils sachent donc
bien que le directeur de la liquidation ne peut rien distribuer arbitrairement ; il
ne peut payer les sinistrés qu'au fur et à mesure des recouvrements effectués ; il
ne peut non plus dépasser dans ses distributions les limites fixées par vous.

§ 22. — Dommages et intérêts.

On a vu quelques débiteurs de cotisations souvent fort minimes conclure re-
conventionnellement contre la Mutualité, en réponse aux demandes dirigées
contre eux, bien qu'ils n'eussent éprouvé aucun dommage du fait de la Société et qu'il ne soit résulté pour eux, soit de la violation des statuts, soit de
toute autre cause, aucun préjudice. Mais fort heureusement, ces demandes in-
justes ont toujours été repoussées, même lorsqu'au fond les nôtres n'étaient pas
accueillies.

Il n'en est pas de même de la liquidation : la résistance des débiteurs lui est extrêmement préjudiciable ; je pense qu'il n'est plus permis d'en douter après tout ce que je viens d'avoir l'honneur de vous exposer.

C'est avec raison que, par votre délibération en date du 4 juin 1849 (40), vous avez autorisé le directeur à ajouter aux cotisations dues une demande à fins de condamnation à des dommages et intérêts pour réparation du préjudice causé antérieurement à l'instance par l'indue résistance du débiteur.

Cette résistance en elle-même est un tort préjudiciable qui exige une réparation, à plus forte raison lorsqu'elle a pu entraîner celle des autres débiteurs. Le retard de paiement a également pu occasionner un préjudice ; j'en ai fourni la preuve : cela est incontestable.

Ainsi nous sommes en droit, soit par le fait de la résistance qu'on nous a opposée ou qu'on a excitée, soit par le retard à payer la cotisation due, de demander des dommages et intérêts.

L'article 1382 du Code civil consacre ce principe, que tout fait qui porte préjudice oblige celui qui en est l'auteur à le réparer ; mais quelle réparation peut suffire pour le préjudice occasionné par la résistance ou le retard de paiement de la part du débiteur ?

Les dommages et intérêts qui nous sont dus doivent être proportionnés au préjudice souffert par les sociétaires créanciers dans l'intérêt desquels se fait la liquidation. Sous la gestion de M. Nicolas, la demande avait été portée à 3,000 francs.

Cette somme, qui est sans doute au-dessous de celle que nous pourrions réclamer, a été trouvée fort exagérée : on a voulu y voir l'intention de déplacer la juridiction qui devait connaître de nos demandes. De là des déclarations d'incompétence dont nous avons eu à souffrir, et à tort, car, qu'on nous alloue ces dommages et intérêts ou qu'on nous les refuse, les Tribunaux devant qui nous appelons nos débiteurs ne peuvent se déclarer incompétents ; ils doivent nous juger : c'est l'avis de tous les jurisconsultes (41). Qu'on ne s'y méprenne pas, la compétence du dernier ressort se détermine par la somme demandée et non par celle adjugée.

On ne satisfait point non plus à l'équité en réduisant ces dommages et intérêts à ceux de la somme due en raison du retard dans le paiement et à partir seulement du jour de la demande, conformément aux dispositions de l'article 1153 du Code civil ; car, en même temps que nous demandons les dommages et intérêts, nous demandons aussi les intérêts à partir du jour où la cotisation aurait dû être payée.

(40) Délibération du conseil du 4 juin 1849. N° 19.

(41) Consultation donnée sur l'appel des jugements du Tribunal de Vesoul. N° 19.

Nous tirons notre droit de l'article 1846 de Code civil; et, d'accord avec l'auteur du *Traité du Contrat de Société* (DURANTON, Droit civil), nous préten-. dons qu'ils doivent nous être alloués, ainsi que les intérêts, même sans aucune mise en demeure : tout sociétaire doit fournir sa mise sociale dans le temps fixé; faute par lui d'avoir satisfait à cette obligation, il est passible des intérêts de la somme due, de plein droit et sans demande, sans préjudice de tous autres dommages-intérêts (42).

Trois mille francs de dommages et intérêts, a-t-on dit, pour le retard apporté dans le paiement d'une somme qui ne s'élève peut-être pas, le plus souvent, à 10 francs, c'est un abus. Qu'on veuille bien prendre la peine de réflé-chir aux dépenses énormes que le retard du sociétaire récalcitrant a occa-sionnées à la liquidation, à l'iniquité des moyens employés contre nous, à la position fâcheuse des sociétaires sinistrés, et l'on finira par convenir qu'il n'y a pas d'exagération dans cette demande.

Toute demande d'une cotisation de 10 francs a pour la liquidation une importance considérable. Nous ne plaidons pas pour une seule cotisation, nous plaidons pour mille autres d'un chiffre pas plus élevé à recouvrer dans le ressort du même Tribunal, et nous devons tout naturellement prendre toutes les précautions que commande la prudence pour sauvegarder les intérêts qui nous sont confiés.

Toutefois, pour mettre un terme aux difficultés auxquelles ont donné lieu cette demande de dommages et intérêts, portée à trois mille francs, nous l'avons réduite à cent francs seulement, avec l'espoir que MM. les juges de paix appré-cieront cette modération et qu'ils n'hésiteront pas à prononcer, comme l'a fait l'un d'eux, en faveur de la liquidation, tout ou partie de cette somme de cent francs à titre de dommages et intérêts (43) en réparation du préjudice causé par les contestations des débiteurs. Cette sage mesure, si elle est adoptée, permettra d'achever incessamment la liquidation, but constant de nos efforts.

§ 23. — Situation de la Société à l'époque du traité avec la Bienfaisante.

Le traité du 18 juillet 1846, conclu avec la compagnie à primes, la Bien-faisante, a été le coup de mort de la Mutualité. Le directeur, les conseils s'atten-daient à un autre résultat. Partisan de la Mutualité, j'avais pensé différemment parce que je croyais encore alors qu'il y avait moyen de sauver cette belle insti-tution ; mais, depuis, je me suis rendu plus exactement compte de la situation de

---

(42) Opinion de Duranton, Traité du *Contrat de Société*. N° 19.
(43) Jugement du juge de paix du canton de Noroy-le-Bourg, du 1er juin 1852, N° 19.

cette Société à l'époque du traité en question, et, je dois en convenir, elle était telle qu'il lui était devenu impossible de fonctionner plus longtemps.

Les indemnités impayées des exercices 1839, 1840 et 1842, s'élevaient à trois cent quatre-vingt-cinq mille francs qu'on avait eu l'espoir de payer un jour avec le boni des exercices postérieurs que devait produire l'augmentation des tarifs ; mais cette augmentation de tarifs était elle même une cause de diminution des produits, car elle éloignait les sociétaires qui trouvaient le prix de l'assurance trop élevé. La confiance s'éloignait ; les uns invoquaient le défaut de paiement complet des indemnités aux incendiés de 1839, 1840 et 1842 ; les autres l'élévation des tarifs qu'ils ne voulaient point subir ; et, tous, dès ce moment, refusaient de payer leurs cotisations. Or, ne recevant point les cotisations des associés, il était bien impossible de payer les sinistres de l'année courante ; comme on le voit, l'élévation des tarifs, cette mesure qui devait sauver la Mutualité, est une des causes principales de sa chute. Je tiens à constater que le refus des sociétaires, de payer leurs cotisations, a été dès 1843 la cause de l'impossibilité où s'est trouvée la Société de payer ses sinistres, et, par suite, la cause de sa mise en liquidation. Ce fait constaté vient encore justifier notre demande de dommages et intérêts, parce que nous retrouvons aujourd'hui, parmi les récalcitrants les plus invétérés, ceux qui l'étaient déjà à l'époque du traité avec la Bienfaisante.

On a apprécié, avec une rigoureuse sévérité, le traité du 18 juillet ; je crois qu'on a eu tort. Il faut juger les hommes selon leurs intentions; celles des hommes de la Mutualité étaient bonnes assurément. Ils entrevoyaient la nécessité de dissoudre la Société, par suite de la déconsidération qui commençait à l'atteindre ; ils sentaient qu'ils ne pouvaient ramener la confiance. Dans de telles circonstances ce qu'ils pouvaient faire de mieux est ce qu'ils ont fait : traiter avec une compagnie qui leur offrit une compensation à la perte des sociétaires, par de fortes remises abandonnées à la Mutualité, ce moyen paraissait certain pour la société qui profitait des remises stipulées sans risques.

§ 24. — Situation de la liquidation au 1er avril 1850.

M. Nicolas, devenu directeur de la liquidation, s'est retiré au 1er avril 1850 ; j'ai été appelé à lui succéder.

Vous avez su par l'exposé de la situation de la liquidation, lu à votre séance du 25 février 1851, quel était l'arriéré des écritures à mon entrée en fonctions ; vous savez aussi que les comptes des agents avaient à peu près cessé d'être au courant par suite des difficultés des recouvrements.

Je me suis donc trouvé dans la nécessité, au fur et à mesure que je faisais un pas en avant, de me reporter en arrière, pour la mise au courant des écritures, afin d'arriver à l'apurement des comptes des agents.

Il en est parmi ceux-ci dont les comptes ont donné lieu à des débats judiciaires extrêmement graves ; j'ai dû y apporter beaucoup d'attention. Vous en jugerez en vous reportant aux dossiers qui les concernent.

J'arrive à la situation financière :

Dans mon rapport du 23 février 1851, je vous disais qu'il me restait à régler le compte par agence :

1° Des non-valeurs par suite de l'insolvabilité des débiteurs et par suite des décisions judiciaires qui nous ont été contraires ;

2° Des retranchements à faire sur les cotisations par suite des traités conclus avec la Bienfaisante et avec les compagnies à primes, le Sauveur, l'Indemnité, le Palladium et la Paternelle, à l'occasion des reprises faites par elles avec une stipulation de garantie envers leurs assurés ;

3° Des frais généraux tant de la Société que de la liquidation, frais de voyages, d'inspections, honoraires d'assistance aux audiences, frais contentieux tombant à la charge de la Société ou de la liquidation, et devant être pris sur les fonds sociaux.

Ce travail important n'est pas achevé, parce qu'il nous reste encore quelques comptes d'agences à régler ; j'attends la rentrée des pièces constatant les non-valeurs pour en former un tableau général.

Je passe à l'établissement de mon compte de caisse pour l'année 1851 et pour l'année 1852.

COMPTE DE CAISSE DE 1851.

CHAPITRE DE RECETTE.

Fonds entrés en caisse :

Retrait de la caisse du banquier Quentin.					2,337 f. 91 c.
CÔTE-D'OR . . . De l'agence de Dijon . . .	39 35	4,102 35			
— de Semur . . .	4,063 »				
YONNE . . . . . — d'Auxerre . . .	8,669 22	12,506 72			
— de Sens	3,537 50				
— de Tonnerre. .	300 »				
SAÔNE-ET-LOIRE — d'Autun. . . .	342 55	842 55		23,452 23	
— de Châlon. . .	500 »				
DOUBS . . . . . — de Pontarlier..	2,900 »	3,980 61			
— de Montbéliard.	580 61				
— de Besançon. .	500 »				
HAUTE-MARNE.'. — de Langres . .	1,400 »	1,400 »			
HAUTE-SAÔNE. . — de Vesoul . . .	220 ».	620 »			
— de Lure	400 »				
Contrepassement rectifiant une erreur de 1850.					50 50
TOTAL.					25,840 64

CHAPITRE DE DÉPENSE.

Fonds sortis de caisse :

1° Traitements d'employés (déc. 1850 et 12 mois de 1851).	10,183 03	
2° Loyers et contributions de portes et fenêtres. . . .	713 86	17,466 11
3° Frais généraux	4,811 44	
4° Frais contentieux et avances de frais à répéter. . .	1,757 78	
5° Arriéré de la gestion de M. Nicolas. . . . 2,097 52		
6° Solde du compte de 1850. . . . . . 605 75	7,813 35 ci.	7,813 35
7° Paiements aux sinistrés 5,110 08		

TOTAL. 25,279 46

BALANCE.

Il est entré en caisse. 25,840 64
Il en est sorti 25,279 46

Solde en faveur de la liquidation. . . 561 f. 18 c.

COMPTE DE CAISSE DE L'ANNÉE 1852.

CHAPITRE DE RECETTE.

Fonds en caisse :
Solde du compte de caisse de 1851. . . . . 561 f. 18 c.
Fonds provenant des agences :

Côte-d'Or.	Dijon	601 87		
	Semur.	5,129 32	7,750 69	
	Châtillon	1,250 »		
	Beaune . , , . .	769 50		
Yonne.	Auxerre. . . .	4,546 69		
	Sens. . . . . , .	4,472 85	10,469 54	
	Tonnerre	1,450 »		23,432 47
Saône-et-Loire. . .	Autun.	649 45		
	Châlon	700 »	1,641 24	
	Mâcon.	91 79		
	Louhans.	200 »		
Doubs.	Pontarlier. . . .	1,400 »	2,600 »	
	Montbéliard . . .	1,200 »		
Haute-Marne. . . .	Langres.	471 »	471 »	
Haute-Saône. . . .	Vesoul.	500 »	500 »	
	Divers		100 17	

TOTAL. . . . . . , . 24,093 82

CHAPITRE DE DÉPENSE.

Fonds sortis de caisse :

1° Traitements d'employés (douze mois). . . .	9,399 72	
2° Loyers et contributions de portes et fenêtres. .	713 50	16,837 31
3° Frais généraux.	5,356 29	
4° Frais contentieux et avances de frais . . .	1,367 80	
5° Arriéré de la gestion de M. Nicolas.	385 18	
6° Restitution à la compagnie l'Indemnité. . .	6 25	
7° Paiements aux sinistrés	6,521 06	7,044 99
8° Paiements de frais d'expertise	132 50	

TOTAL. 23,882 30

BALANCE.

Il est entré en caisse 24,093 82
Il en est sorti. 23,882 30

Solde en faveur de la liquidation. 211 52

Les tableaux qui vont suivre vous feront connaître le mouvement des fonds dans les agences et l'emploi qui en a été fait par les agents eux-mêmes en paiemens d'indemnités.

GESTION DE L'ANNÉE 1851.

Agences.	Recouvrements opérés dans les agences		Total.	Sommes distribuées aux sinistrés	
	transmis à la direction;	employés par les agents.		par le directeur;	par les agents.
Dijon.	39 35	49 30	88 65	3,598 39	49 30
Beaune	» »	997 47	997 47	1,192 59	997 47
Semur	4,063 »	» »	4,063 »	» »	» »
Auxerre. . . .	8,669 22	721 95	9,391 17		721 95
Sens	3,537 50	3,122 60	6,660 10		3,122 60
Tonnerre . . .	300 »	1,472 90	1,772 90		1,472 90
Châlon	500 »	2,486 70	2,986 70		2,486 70
Mâcon	» »	200 »	200 »		200 »
Autun.	342 55	30 »	372 55		30 »
Besançon . . .	500 »	5,344 53	5,844 53		5,344 53
Pontarlier. . .	2,900 »	1,596 94	4,496 94		1,596 94
Montbéliard. .	580 61	1,747 07	2,327 68		1,747 07
Lure	400 »	1,361 37	1,761 37		1,361 37
Vesoul	220 »	545 »	765 »		545 »
Gray	» »	148 70	148 70		148 70
Langres. . . .	1,400 »	1,116 10	2,516 10		1,116 10
Chaumont. . .	» »	» »	» »	319 08	» »
	23,452 23	20,940 63	44,392 86	5,110 06	20,940 63
Par le directeur.		5,110 06			
		26,050 69	Somme égale. . .	26,050 69	

TABLEAU DE LA SITUATION DES SINISTRES.

(Exercices non clos. — 31 décembre 1851.)

	Pertes totales.	A-comptes payés.	Situation au 1 janvier 1851.	Paiements effectués en 1851.	Reste à payer au 1 janvier 1852.
1845.	196,934 97	129,498 94	67,436 03	3,615 47	63,820 56
1846.	451,128 09	125,910 60	325,217 49	10,928 87	314,288 62
1847.	117,216 81	9,031 06	108,185 75	11,506 35	96,679 40
	765,279 87	264,440 60	500,839 27	26,050 69	474,788 58

GESTION DE 1852.

Nota Ce tableau n'est pas complet par le retard qu'ont mis quelques agents à me transmettre les pièces comptables de leur agence.

Agences.	Sommes recouvrées dans les agences			Sommes distribuées aux sinistrés	
	transm. à la direct.;	empl. dans la localité.	Total.	par le directeur;	par les agents.
Dijon.	601 87	» »	601 87	3,597 66	» »
Beaune.	769 50	707 32	1,476 82		707 32
Semur.	5,129 32	555 69	5,685 01		555 69
Châtillon. . . .	1,250 »	124 17	1,374 17		124 17
Auxerre. . . .	4,546 69	» »	4,546 69	2,898 40	» »
Sens.	4,472 85	120 03	4,592 88		120 03
Tonnerre. . . .	1,450 »	620 07	2,070 07		620 07
Châlon.	700 »	115 »	815 »		115 »
Mâcon.	91 79	» »	91 79		» »
Autun	649 45	» »	649 45		» »
Louhans. . . .	200 »	» »	200 »		» »
Besançon. . . .	» »	1,878 56	1,878 56		1,103 56
Pontarlier . . .	1,400 »	926 79	2,326 79		926 79
Montbéliard. . .	1,200 »	» »	1,200 »		» »
Lure.	» »	91 »	91 »		866 »
Vesoul.	500 »	» »	500 »		» »
Gray.	» »	» »	» »	25 »	» »
Langres. . . .	471 »	854 75	1,325 75		854 75
Chaumont . . .	» »	183 91	183 91		183 91
	23,432 47	6,177 29	29,609 76	6,521 06	6,177 29

Total des sommes distribuées aux sinistrés. , , . 12,698 35

TABLEAU DE LA SITUATION DES SINISTRES. — *Exercices non clos.* — *31 décembre 1852.*

	Pertes totales.	Paiements avant 1852.	Reste au 1er janvier 1852.	Paiements en 1852.	Reste au 31 décembre 1852.
1845. . .	196,934 97	133,114 41	63,820 56	6,199 21	57,621 35
1846. . .	451,128 09	136,839 47	314,288 62	2,752 74	314,535 88
1847. . ,	117,216 81	20,537 41	96,679 40	3,746 40	92,933 »
	765,279 87	290,491 29	474,788 58	12,698 35	462,090 23

SITUATION D'APRÈS LE GRAND-LIVRE, AU 31 DÉCEMBRE 1852.

Dans les comptes que j'ai eu l'honneur de vous rendre à la séance du 25 février 1851, j'ai résumé la situation de la liquidation, selon qu'elle résultait des écritures passées au journal et relevées au grand-livre.

Je vais reprendre ce travail que je suis obligé de vous présenter dans un autre ordre, attendu l'impossibilité où je suis pour le moment de faire une répartition des frais généraux de liquidation. C'est une question qui vous est réservée, et lorsqu'elle aura été décidée par vous, on aura bientôt établi la répartition de ces frais entre les trois exercices en liquidation. Mais il faut nécessairement une délibération du conseil ; je ne puis prendre sur moi de décider des questions qu'il n'appartient qu'à vous de résoudre. Chacun sa mission, chacun sa responsabilité.

Les ressources sociales brutes, au 31 décembre 1850, ont été calculées ainsi :

1845. . . . 406,867 28
1846. . . . 413,525 84   } 1,208,294 64   ci. . . 1,208,294 f. 64 c.
1847. . . . 388,401 52

Les dépenses faites s'élevaient :

Sur 1845, à 259,816 44
    1846, à 152,952 84   } 582,436 67
    1847, à 169,667 39

Il restait à faire emploi de. .   625,857 97

dont sur 1845. . 147,050 84
        1846. . 260,375 »
        1847. . 218,434 15

          625,857 97 . Somme égale.

Les charges couvertes au 31 décembre 1852 s'élèvent à. .   687,067 81

Il reste à faire emploi de. . . . .   521,226 f. 85 c.

affectés, après le prélèvement des frais d'administration dans lesquels sont comprises les remises des agents, des frais de liquidation, des frais contentieux, des non-valeurs résultant soit d'insolvabilité des débiteurs, soit de décisions judiciaires, des retranchements par suite de reprises par les compagnies qui ont transigé avec la liquidation, ou par la Bienfaisante, ou par suite de renonciation, avant le 31 décembre 1847, au paiement des sinistres restant à payer :

Sur 1845. . . . . 57,621 35
    1846. . . . . 311,555 89   } 462,090 f. 24 c.
    1847. . . . . 92,933 »

Conclusion.

Je ne prolongerai pas davantage ce rapport. Mais de tout ce que je viens de vous exposer, vous devez en conclure avec moi :

Que la liquidation, pour être fructueuse, a besoin d'être terminée le plus promptement possible : c'est ce que je ne cesse de dire à tous mes correspondants. Il ne me conviendrait pas qu'on pût supposer que j'aie eu le moindre intérêt à la prolonger. Je comprends avant tout les intérêts des sinistrés ;

Que le moyen le plus efficace pour arriver à un résultat avantageux et pour l'accélérer, ce serait de réunir tous nos efforts pour faire admettre nos demandes en dommages et intérêts contre tout débiteur récalcitrant appelé en justice. Si quelques condamnations sévères étaient obtenues, il est certain que nous verrions accourir nos débiteurs, jusqu'ici encouragés dans leur résistance par l'impunité.

Enfin, je terminerai en adressant à ceux d'entre vous qui m'ont prêté en toutes circonstances un concours empressé, mes remerciements bien sincères, tant en mon nom, en raison du vif désir que j'ai de faire une liquidation honorable et consciencieuse, qu'au nom des sinistrés qui y ont tant d'intérêt. Ces remerciements, je les adresse surtout, avec l'expression de ma plus vive reconnaissance, à votre honorable président que j'ai eu occasion d'importuner souvent, et qui m'a toujours accueilli avec la même bienveillance.

Je vous exprime de nouveau le désir de vous voir réunis en conseil aussi souvent que les besoins l'exigent, que les statuts même vous y obligent : c'est, du reste, un devoir que vous devez être jaloux de remplir. Vous ne pouvez abandonner la liquidation. Vous avez accepté les fonctions de membres du conseil d'administration, vous ne pouvez vous en départir, surtout après avoir provoqué la dissolution de la société et sa mise en liquidation, sans compromettre votre responsabilité. On est autant dans son tort en ne faisant pas tout ce qu'on doit qu'en faisant au-delà. — Il faut que les sociétaires mutuellistes soient bien convaincus que la liquidation est confiée à un conseil d'administration sérieux et à un directeur qui fait consister son devoir à exécuter vos délibérations et à vous rendre compte du mandat que vous lui avez confié : je crois l'avoir rempli.

Le Directeur, mandataire du conseil d'administration,

DENIS.

JUSTIFICATIONS.

PIÈCES ET DOCUMENTS.

———————

N° 1.

Séance du 2 août 1847.

Le conseil d'administration de la Société d'assurances mutuelles de Dijon,
Arrête :

ART. 1er. Le gouvernement est prié de déclarer, par suite des considérations et motifs qui précèdent :

1° Que la Société cessera d'exister, par l'annulation de tous les contrats des personnes qui en feront partie, à dater du 1er janvier 1848, et qu'elle entrera dès cette époque en liquidation ;

2° Que les assurés devront payer leurs cotisations arriérées et courantes d'après les tarifs modifiés et augmentés par le conseil d'administration dans sa séance du 9 mars 1845.

ART. 2. La décision qui précède sera transmise, par le président du conseil d'administration, à M. le préfet de la Côte-d'Or, pour qu'il veuille bien en solliciter la sanction de M. le ministre du commerce et de l'agriculture, ou l'adoption de telle autre mesure qu'il croira convenable dans l'intérêt des sociétaires et des incendiés.

Séance du 27 décembre 1847.

Le conseil d'administration de la Société d'assurances mutuelles étant réuni,

M. Delachère expose que, par sa délibération du 2 août 1847, le conseil d'administration a émis le vœu que le gouvernement voulût bien déclarer la Société dissoute et sa mise en liquidation, à partir du 1er janvier 1848;

Que M. le préfet de la Côte-d'Or a transmis ladite délibération à M. le ministre du commerce et de l'agriculture, avec un avis des plus favorables ;

Que, depuis, M. le préfet a adressé à M. le ministre une lettre de rappel des plus pressantes ;

Que des démarches ont été faites plusieurs fois dans les bureaux du ministère, afin d'obtenir la solution réclamée ;

Que, ce nonobstant, aucune réponse n'a encore été transmise, soit à la préfecture, soit à l'administration de la Société ;

Que, dans cet état de choses, le directeur a demandé que le conseil d'administration prît une initiative plus directe de la mesure, au lieu de la laisser au gouvernement, qui n'aurait plus qu'à la sanctionner ;

L'assemblée, après une longue et sérieuse discussion, a pensé qu'elle sortirait du droit, et qu'elle excéderait ses pouvoirs en prononçant, de sa propre autorité, la dissolution et la mise en liquidation, mais que rien ne l'empêchait de déclarer une fois encore l'indispensable et urgente nécessité de la mesure, et d'en solliciter l'adoption près le gouvernement par de nouvelles et pressantes instances ;

En conséquence, l'assemblée adopte, à l'unanimité, la résolution suivante :

Le conseil d'administration,

Vu sa délibération du 2 août 1847, par laquelle il exprimait le vœu que le gouvernement déclarât la Société dissoute, à partir du 1er janvier 1848, et sa mise en liquidation, délibération qui a été transmise à M. le ministre du commerce et de l'agriculture, par M. le préfet de la Côte-d'Or, avec un avis favorable ;

Ouï le directeur de la Société en ce qui concerne les opérations depuis cette époque ;

Après avoir consulté le comité des sociétaires ;

Considérant,

1° Que les graves motifs qui avaient donné lieu à la délibération précitée du 2 août 1847, et qui y sont longuement développés, ont non-seulement continué de subsister, mais qu'ils ont pris depuis un caractère plus prononcé et plus sérieux encore ;

2° Que la cessation immédiate de la Société et son entrée en liquidation sont réclamées par la masse entière des associés et par les décisions judiciaires déjà intervenues ;

3° Que le seul moyen efficace d'opérer avec promptitude le recouvrement des cotisations arriérées et celles de 1847, y compris, et pour solde, la portion contributive de cette même année, et d'arriver ainsi à pouvoir faire des distributions aux incendiés des différentes années débitrices, c'est d'annoncer aux assurés dont les contrats sont encore en cours d'exécution la résolution simultanée de toutes les polices.

4° Que tous les agents de l'institution, *sans exception aucune*, considèrent comme impossible de commencer un nouvel exercice, qui, d'ailleurs, serait complètement illusoire ;

5° Que la cour royale de Dijon, en annulant, par son arrêt du 30 mars dernier, le traité conclu le 18 juillet 1846, entre la Société mutuelle et la compagnie à primes de Paris la Bienfaisante, comme un acte de violation des statuts, a permis à chaque sociétaire, par suite de cette violation, de rompre le contrat, *même avant son expiration légale*, ce qui implique déjà une sorte de dissolution de la Société ;

Considérant, de plus, que le gouvernement n'a encore rien statué sur la demande du 2 août 1847, malgré la réclamation qui lui a été adressée à ce sujet par M. le préfet de la Côte-d'Or ;

Considérant, enfin, qu'il y a force majeure ; que la cessation d'existence de la Société, et sa mise en liquidation, à partir du 1er janvier 1848, est le seul moyen praticable de sauvegarder les intérêts des nombreux créanciers de l'établissement, en annihilant les résistances des associés débiteurs, relatives au paiement des cotisations ,

A été unanimement d'avis ,

Que la Société dijonnaise d'assurances mutuelles contre l'incendie, autorisée par ordonnances royales du 1er septembre 1824 et 16 septembre 1829, pour les départements de la Côte-d'Or, de l'Yonne, de Saône-et-Loire, du Doubs, de la Haute-Marne et de la Haute-Saône, cesse d'exister, par suite des motifs développés dans la délibération *du 2 août 1847* et de ceux consignés plus haut, et qu'elle entre en liquidation le 1er janvier 1848, le tout sauf l'approbation du gouvernement et sous la condition que chacun des assurés débiteurs de cotisations arriérées et courantes, y compris, pour solde, la portion contributive de 1847, soient tenus de les verser, au profit des créanciers incendiés, et ce sur le pied des tarifs établis par le conseil d'administration dans sa séance du 28 février 1845, par suite des dispositions de l'article modificateur des statuts, 107 sur les états dressés par le directeur et arrêtés par les membres du bureau du conseil.

N° 2.

DÉLIBÉRATIONS DU CONSEIL D'ADMINISTRATION RELATIVES AU COMMISSAIRE CONTRÔLEUR.

Séance du 25 décembre 1849.

NOMINATION DE M. DE SAULX AUX FONCTIONS DE COMMISSAIRE-CONTRÔLEUR.

Le conseil d'administration,

Acceptant la démission de M. Jablonski, nommé commissaire-contrôleur de la liquidation, dans sa séance du 19 mai 1849, démission fondée sur ce que M. Jablonski a créé à Dijon un cabinet d'affaires et qu'il est, en même temps, agent principal de l'*Union*, compagnie contre l'incendie, ce qui ne lui permet plus de donner à ses fonctions de contrôleur tous les soins et tout le temps nécessaires;

Nomme pour le remplacer M. de Saulx-Gravier.

Il entrera en fonction le 1ᵉʳ janvier 1850, M. Jablonski demeurant jusque là chargé du contrôle.

Les attributions et les devoirs de M. de Saulx-Gravier, ainsi que les appointements, seront les mêmes que ceux indiqués dans la délibération précitée du 19 mai 1849, dont il prendra connaissance au présent registre, et dont copie en forme lui sera délivrée par le Directeur-Liquidateur, visée par le Président du conseil, ainsi que copie de la présente délibération.

Séance du 19 mai 1849.

ATTRIBUTIONS DU COMMISSAIRE-CONTRÔLEUR.

Le conseil d'administration, liquidateur de la Société, considérant que M. Hébert, qui en était le commissaire-contrôleur, a donné sa démission entre les mains du président du conseil d'administration pour devenir inspecteur divisionnaire de l'*Urbaine*, compagnie à primes; que dès-lors, dans l'intérêt de la bonne marche du service, et afin que les opération de la liquidation soient sans cesse soumises à une surveillance spéciale et régulière, il importe de le remplacer sans plus de retard;

Considérant qu'il importe aussi que la personne qui lui sera investie de la confiance du conseil d'administration ait déjà des notions complètes de la nature desdites opérations et principalement de tout ce qui concerne la comptabilité,

ARRÊTE :

ARTICLE 1ᵉʳ. M. Jablonski (Louis), agent principal à Dijon de l'*Union*, compagnie d'assurance contre l'incendie, ancien chef comptable des bureaux de la direction, qui a fait preuve dans cet emploi de beaucoup de zèle et d'intelligence, est nommé commissaire-contrôleur de la liquidation, en remplacement de M. Hébert, démissionnaire.

Il sera l'employé direct du conseil d'administration, et il ne devra compte de ses actes qu'à lui seul.

Ses fonctions consisteront :

1° A suivre continuellement le mouvement de la liquidation, en s'entendant à cet effet avec le directeur-liquidateur, fondé de pouvoirs du conseil, qui sera tenu de lui donner en communication, dès qu'il le demandera, toutes les pièces, documents, registres, correspondances, etc., relatifs au service du dehors et du dedans;

2° A viser les comptes des agents, des inspecteurs, les comptes généraux de la liquidation, enfin toutes les pièces quelconques de comptabilité, après la vérification préalable du directeur-liquidateur et, en outre, les traites sur les agents, soit pour les distributions aux incendiés, soit celles relatives à l'envoi des fonds qui leur seraient fait pour le même objet, soit enfin celles relatives aux dépenses d'administration, traites qui devront toujours être faites par M. le directeur-liquidateur à l'ordre de MM. Quantin et Cie, gérants du comptoir l'*Unité* de Dijon, nommés banquiers de la liquidation dans la séance du conseil d'administration du 2 juin 1848, etc., etc.

3° A veiller à l'exécution des délibérations du conseil;

4° A faire au directeur-liquidateur, dès qu'il le croira nécessaire, et immédiatement, toutes les observations que son devoir lui suggérerait, sauf, pour le cas où il ne s'entendrait pas avec lui, à en référer au président du conseil d'administration, qui déciderait entre eux;

5° A communiquer au conseil, aux séances duquel il devra toujours assister, et après avoir pris l'avis du président, les observations qui lui sembleraient de nature à lui être soumises;

6° A se rendre dans les bureaux de la liquidation, sauf les dimanches et fêtes, à l'heure convenue entre lui et le directeur liquidateur, pour y donner les visas nécessaires.

N° 3.

TEXTE DES ARTICLES DES STATUTS CITÉS DANS LE RAPPORT.

Les statuts de la Société qui ont été dressés par acte passé de devant M** Joliet et Rouget, notaires à Dijon, le 26 juin 1824, et approuvés par ordonnance royale du 1er sept. 1824, contiennent les dispositions suivantes :

ART. 1er. Il y a Société anonyme d'assurances mutuelles contre l'Incendie entre les soussignés et tous autres propriétaires de maisons et bâtiments situés dans les départements de la *Côte-d'Or*, de l'*Yonne*, de *Saône-et-Loire* et du *Doubs*, qui adhèreront aux présents statuts. — *Formation du contrat. Page 4.*

ART. 6. L'objet de l'association est de garantir mutuellement ses membres des pertes et dommages occasionnés à leurs bâtiments par l'incendie, et même par le feu du ciel. — *But. Idem.*

ART. 20. Au commencement de l'année sociale, chaque assuré verse à la société moitié de la portion contributive déterminée par l'article 19, pour former un fonds de prévoyance destiné à donner un premier secours aux incendiés, — *Fonds social. Id. Fonds de Prévoyance. Page 5.*

Ce fonds sera complété au commencement de chaque année s'il n'a été qu'entamé ; il sera recréé s'il a été absorbé.

Celui qui s'assure dans le courant de l'année sociale ne verse son contingent au fonds de prévoyance que pour les mois restant à courir jusqu'à la fin de l'année.

ART. 24. A l'expiration de l'année sociale, les sinistrés seront soldés par la répartition entre tous les incendiés de la portion restée libre du fonds de prévoyance.

ART. 25. S'il y a un excédant de ressources, il sera reporté à l'année sociale suivante, et les assurés auront à verser d'autant moins pour compléter le fonds de prévoyance.

ART. 62. A la fin de l'année sociale, si un appel sur le reste de la portion contributive est nécessaire, le directeur dresse un tableau où figurent le montant des pertes et des premières indemnités payées, la somme restant à solder, les ressources offertes par les excédants des douzièmes de l'année écoulée, et la quotité des fonds dont il faut faire appel : il en présente en même temps la répartition entre les sociétaires, et appuie le tout des procès-verbaux d'expertise des sinistres. Après vérification, le conseil d'administration arrête l'état de répartition, et en prescrit le recouvrement. Tout assuré peut en prendre connaissance dans les bureaux de la direction. — *Appel du fonds de prévoyance. Page 5.*

ART. 18. L'association exclut toute solidarité entre les sociétaires ; chacun paie, en proportion des valeurs qu'il a assurées, sa quote-part dans les dépenses d'administration, et dans les frais d'expertise et de poursuites lorsqu'il y aura lieu. — *Exclusion de la solidarité entre les associés. Page 7.*

ART. 106. Si le conseil décide que la prolongation ne sera pas demandée, il procédera à la liquidation générale sur le compte dressé par le directeur. Les fonds existant seront répartis entre toutes les personnes qui seront alors sociétaires, au prorata de ce qu'elles auront versé dans la dernière année de la Société. — *Partage du fonds social. Page 5. Pouvoirs des liquidateurs. Page 7.*

ART. 26. Si le fonds de prévoyance est insuffisant, les dommages seront soldés au moyen d'un appel de fonds fait dans les bornes du maximum fixé par l'article 19. — *Appel de la portion contributive. Page 6.*

En cas d'insuffisance du maximum de la portion contributive, elle sera distribuée au marc le franc entre les incendiés, imputation faite à chacun des sommes déjà reçues par lui sur le fonds de prévoyance.

ART. 3. Elle n'entrera en activité que lorsqu'elle réunira des adhésions pour une somme de huit millions ; elle cessera si la masse d'assurances retombe au-dessous de cette quotité. — *Masse assurée, au-dessous de laquelle il y avait lieu à dissoudre la société. Page 9.*

ART. 2. La durée de la Société est de 30 années. — *Durée de la société. P 9.*

ART. 107. Si l'expérience démontrait que des changements ou modifications dussent être introduits dans les statuts, pour l'avantage de la Société, les fondateurs autorisent le conseil d'administration à les faire, sous l'approbation du conseil général, après avoir entendu le comité des sociétaires et le directeur. — *Pouvoir de modifier les statuts. Page 10.*

A cet effet, les fondateurs donnent dès ce moment au conseil d'administration tous les pouvoirs à ce nécessaires.

5

— 54 —

Obligation d'acquitter les cotisations. *Page 12.* — **Art. 63.** Les sociétaires sont tenus d'acquitter leur quote-part entre les mains des agents d'arrondissement dans les quinze jours de la date de l'avis qu'ils en ont reçu : cet avis est mis au bas d'un extrait de l'état de répartition certifié par le directeur.

Clause compromissoire. *Page 15.* — **Art. 104.** S'il survient quelque contestation entre l'association et un ou plusieurs associés, elle sera jugée à la diligence du directeur par trois arbitres, dont deux seront nommés par les parties respectives, et le troisième par le juge de paix de la situation des biens.

Leur jugement sera sans appel ni recours en cassation.

La sentence sera rendue exécutoire conformément aux lois sur la procédure.

Le sociétaire qui se refusera à nommer un arbitre, y sera contraint par toutes voies de droit.

Administration de la société. — **Art. 4.** L'association est administrée par un conseil général, un conseil d'administration et un directeur.

Conseil général. — **Art. 65.** Il y a une assemblée de sociétaires sous la dénomination du conseil général.

Les quinze plus forts assurés de chacun des départements qui composent la circonscription de la Société forment le conseil général, lequel ne peut se réunir qu'au chef-lieu de la direction. Le tiers des membres est nécessaire pour que le conseil délibère. Ils ont la faculté de se faire représenter par d'autres sociétaires, pourvu que ceux-ci aient au moins pour quinze mille francs de constructions assurées.

Comité des sociétaires. — **Art. 70.** Afin que toutes les opérations de la direction soient suivies pendant le cours de l'année, le conseil général choisit dans son sein et hors du conseil d'administration, trois membres pour en former un comité, qui porte le nom de comité des sociétaires.

Conseil d'administration. — **Art. 71.** Le conseil d'administration est composé de vingt sociétaires pris dans chacun des départements de la circonscription : il est provisoirement porté à dix membres, et sera complété par le conseil général dans sa première réunion.

Art. 74. Les membres du conseil d'administration ne contractent, à raison de leurs fonctions, aucune obligation personnelle.

Art. 75. Le conseil se réunit d'obligation chaque trimestre, sauf les convocations extraordinaires jugées nécessaires par le directeur ou par le comité des sociétaires.

Art. 76. Le conseil délibère sur toutes les affaires de la Société.

Ses décisions sont prises à la majorité absolue des suffrages : en cas de partage, le président à voix prépondérante.

Arrêté des états de répartition. *Page 13.* — **Art. 77.** Il arrête les états de répartition, et en ordonne le recouvrement après en avoir vérifié l'exactitude et s'être assuré que les limites posées à la mutualité ne sont dépassées pour aucun sociétaire.

Directeur. — **Art. 83.** Il y a un directeur chargé d'exécuter toutes les opérations de la Société.

Frais d'administration. — **Art. 44.** Les frais d'administration sont fixés pour chaque année à 35 centimes pour chaque 1,000 francs de la valeur des propriétés assurées, et pour toute somme de 500 francs à 1,000 francs ; ils ne seront que de 20 centimes pour toute somme moindre de 500 francs. Cet article a été modifié.

Art. 94. Un traité à forfait est consenti entre l'association et le directeur pour les frais d'administration à la charge de ce dernier, aux conditions énoncées au présent chapitre et exprimées en outre dans les articles 36, 37, 44 et 45, pour dix années, à l'expiration desquelles il sera renouvelé avec lui aux conditions qui seront trouvées convenables, par le conseil général, sur l'avis du conseil d'administration et du comité des sociétaires. Un nouveau traité a été conclu le 28 février 1845.

Fonds de pompe. — **Art. 41.** Il est fait un fonds spécial destiné à donner une pompe à incendie aux cantons qui présenteront le plus d'assurances.

Le conseil d'administration désignera les cantons auxquels il en sera accordé, et les communes où elles seront placées.

Il pourra les retirer pour défaut d'entretien, ou de secours porté aux communes voisines, ou toute autre cause grave.

Art. 42. Ce fonds servira encore à distribuer des gratifications ou des médailles aux pompiers et aux autres personnes qui auront sauvé quelqu'un des flammes, ou rendu des services signalés lors d'un incendie.

Art. 43. Cinq centimes par 1,000 francs de la valeur assurée seront versés chaque année au fonds de pompe pour chaque sociétaire. Toute somme au-dessous de 1,000 francs paiera comme 1,000 francs.

Art. 33. Les frais de timbre, d'enregistrement et d'amende seront à la charge de l'assuré qui y donnera lieu.

Art. 64. Si la propriété n'est consumée qu'en partie, l'estimation des dommages est faite sur la base du capital assuré, et les experts déterminent la proportion de la partie consumée relativement à la totalité de la propriété.

Dans ce cas les avantages comme les charges de l'assurance subsistent pour la valeur que la propriété conserve, jusqu'à parfaite réparation du dommage.

(marge droite) Timbre et enregistrement des polices.

Réduction de l'assurance en cas de sinistre partiel.
Page 16.

N° 4.

[4]   TABLEAU GÉNÉRAL DES SINISTRES DE 1825 A 1847 INCLUSIVEMENT.

DÉPARTEMENT DE LA COTE-D'OR.

Arr.	Cantons.	Montant des pertes par cantons,	par arrondiss.	Arr.	Cantons.	Montant des pertes par cantons,	par arrondiss.
	Dijon..	77,620 17			*Report...*	1,148,013 08	
	Genlis.	106,523 64					
	Auxonne.	240,111 33			Aignay-le-Duc.	6,729 25	
	Pontailler.	160,695 35			Baigneux.	» »	
	Mirebeau.	12,168 99			Châtillon.	223 40	
DIJON.	Fontaine-Fr.	14,815 »		CHAT.-S.-SEINE.	Laignes.	1,226 50	
	Selongey.	2,380 10			Montig.-s.-Aub.	660 50	
	Grancey.	» »			Recey-s.-Ource	40 75	
	Is-sur-Tille.	505 57					8,880 40
	St-Seine-l'Ab.	193 50					
	Sombernon.	3,482 »			TOTAL des pertes dans la		
	Gevrey.	13,252 50			Côte-d'Or.	1,156,893 48	
			631,748 12				
	Beaune.	3,799 50			Sinistres impayés :		
	Arnay-le-Duc.	37,563 20					
	Bligny-s.-Ouc.	2,933 05			1839. 9,288 74		
BEAUNE.	St-Jean-de-L.	232,969 28			1840. 63,376 63	84,052 47	
	Liernais.	20,558 57			1842. 11,387 10		223,117 54
	Nolay.	8,331 25					
	Nuits.	2,231 95			1845. 14,693 59		
	Pouilly-en-M.	13,603 27			1846. 99,132 72	139,065 07	
	Seurre.	119,584 87			1847. 25,238 76		
			441,574 94				
	Vitteaux.	3,708 55			Le montant des paiements sur		
	Saulieu.	7,165 40			sinistres est de.	933,775 94	
SEMUR.	Précy-s.-Thil.	31,535 02					
	Semur.	26,933 30					
	Flavigny.	298 »					
	Montbard.	5,049 75					
			74,690 02				
	A reporter.	1,148,013 08					

DÉPARTEMENT DE L'YONNE.

Arr.	Cantons.	Montant des pertes par cantons,	par arrondiss.	Arr.	Cantons.	Montant des pertes par cantons,	par arrondiss.
					Report....	649,541 77	
AVALLON.	Avallon....	2,350 09					
	Guillon....	7,262 12			Aillant....	3,328 73	
	L'Isle-sur-le-S.	70 70			Bleneau....	2,000 »	
	Quarré-les-T..	15 »			Brienon....	139,112 58	
	Vezelay...	24 25		JOIGNY.	Cerisiers....	10,388 20	
			9,722 16		Charny....	5,002 94	
AUXERRE.	Auxerre....	33,223 65			Joigny....	2,042 10	
	Chablis....	6,527 74			St-Fargeau...	5,481 85	
	Coulanges-la-Vᵉᵉ	427 65			St-Julien-du-S.	13,564 30	
	Coulanges-s.-Y.	36,380 61			Villeneuve-le-R.	17,744 98	
	Couson....	10,343 31					198,662 68
	Ligny....	67,138 02					
	St-Florentin.	135,282 16			TOTAL des pertes dans l'Yonne....		848,204 45
	St-Sauveur...	25,597 80			Sinistres impayés :		
	Seignelay..	42,179 77			1839. 5,431 82		
	Toucy....	17,062 30			1840. 46,071 91 } 65,964 71		
	Vermanton...	11,292 48			1842. 14,460 98		176,923 36
			385,455 49		1845. 4,704 20		
SENS.	Sens....	20,938 09			1846. 84,798 62 } 110,958 65		
	Chéroy....	23,893 42			1847. 21,455 83		
	Pont-s.-Yonne.	21,714 01					
	Sergines....	9,215 22			Le paiement des sinistres est de 671,281 09		
	Villeneuve-l'A.	4,785 13					
			80,545 87				
TONNERRE.	Ancy-le-Franc.	28 »					
	Cruzy....	14,777 50					
	Flogny....	134,852 30					
	Noyers....	1,765 »					
	Tonnerre....	22,395 45					
			173,818 25				
	A reporter....	649,541 77					

DÉPARTEMENT DE SAONE-ET-LOIRE.

Arr.	Cantons.	par cantons,	par arrondiss.	Arr.	Cantons.	par cantons,	par arrondiss.
MACON.	Cluny....	3,532 75			Report....	67,004 58	
	La Chapelle-de-Guinchay...	1,842 97					
	Lugny....	1,025 56			Autun....	13,538 48	
	Mâcon....	8,665 46			Couches....	5,057 65	
	Matour....	33,840 75		AUTUN.	Epinac....	10,518 38	
	St-Gengoux....	700 »			Lucenay-l'Ev..	6,355 32	
	Tournus....	4,096 65			Mesvres....	90 »	
	Tramayes....	13,300 44			Montcenis..	4,054 66	
			67,004 58		St-Léger-s.-B.	6,117 83	
							45,732 32
	A reporter....	67,004 58			A reporter....		112,736 90

Suite du département de Saône-et-Loire.

Arr.	Cantons.	Montant des pertes par cantons.	par arrondiss.	Arr.	Cantons.	Montant des pertes par cantons.	par arrondiss.
	Report. . . .		112,736 90		*Report.* . . .		423,323 07
CHALONS.	Châlons. . . .	44,412 88		LOUHANS.	Cuiseaux. . . .	42 50	
	Buxy.	5,326 »			Cuisery. . . .	3,816 25	
	Chagny. . . .	426 80			Louhans. . . .	2,540 »	
	Givry.	13,000 46			Montpont	2,555 90	
	Mont-St-Vinc. .	625 90			Montret. . . .	2,285 40	
	St-Germain-du- Plain. . . .	35,544 98			Pierre.	15,667 17	
	St-Martin-en-B.	12,437 45			St-Germain-du- Bois.	4,264 »	
	Verdun-s.-le-D.	186,574 54					31,171 22
	Sennecey-le-G.	2,676 15					
			301,594 16				
CHAROLLES.	Bourbon-Lancy	495 »					
	Charolles. . . .	4,214 17			TOTAL des pertes dans Saône-et-Loire. . .		454,494 29
	La Clayette. . .	1,321 84					
	Gueugnon . . .	490 »			Sinistres impayés :		
	Paray-le-Monial	836 »			1839. 288 60		
	Palinges	1,450 »			1840. 10,893 90 } 14,656 06		
	St.-Bonnet-de- Joux. . . .	5 »			1842. 3.473 56		26,738 25
	Semur-en-Br. .	183 »			1845. 926 95		
			8,995 01		1846. 9,231 84 } 12,082 19		
					1847. 1,923 40		
	A reporter. . . .		423,323 07		Le paiement des sinistres est de		427,756 04

DÉPARTEMENT DU DOUBS.

Arr.	Cantons.	par cantons.	par arrondiss.	Arr.	Cantons.	par cantons.	par arrondiss.
BAUME.	Baume-les-D. .	20,483 48			*Report.* . .		1,347,655 02
	Clerval. . . .	71,800 55		MONTBÉLIARD.	Montbéliard. . .	22,373 47	
	L'Isle-s.-le-D.	33,254 87			Audincourt. . .	128,652 58	
	Pierrefontaine .	92,722 14			Blamont. . . .	28,070 66	
	Rougemont. . .	24,606 75			St-Hippolyte. .	50,736 46	
	Roulans. . . .	103,403 20			Maiche.	57,414 74	
	Vercel.	160,592 »			Pont-de-Roide.	19,374 93	
			506,862 99		Russey.	87,087 88	
							393,710 72
BESANÇON.	Besançon. . . .	73,165 44					
	Amancey. . . .	42,537 50			TOTAL des pertes dans le Doubs. . . .		1,744,365 74
	Audeux.	71,713 45					
	Boussières. . .	39,188 10			Sinistres impayés :		
	Marchaux. . . .	42,946 49			1839. 10,020 37		
	Ornans.	200,935 15			1840. 73,862 83 } 104,404 71		
	Quingey. . . .	44,426 85			1842. 20,221 51		244,351 89
			514,912 98		1845. 25,193 71		
PONTARLIER.	Pontarlier. . .	41,017 69			1846. 84,222 87 } 140,247 18		
	Lévier.	122,017 14			1847. 30,830 60		
	Montbenoit. . .	11,384 02					
	Morteau. . . .	94,463 01					
	Mouthe.	56,997 19					
			325,879 05				
	A reporter. . .		1,347,655 02		Le paiement des sinistres est de.		1,497,013 85

DÉPARTEMENT DE LA HAUTE-SAONE.

Arr.	Cantons.	Montant des pertes par cantons	par arrondiss.	Arr.	Cantons.	Montant des pertes par cantons	par arrondiss.
	Vesoul.	1,910 50			*Report.* . . .	311,499 26	
	Amance. . . .	33,594 35			Lure.	14,595 82	
	Combeaufont. .	10,624 »			Champagney. .	1,776 66	
	Jussey.	13,957 »			Faucogney. . .	37,104 19	
VESOUL.	Montbozon. . .	10,804 »		LURE.	Saint-Loup. . .	86,646 62	
	Noroy-le-Bourg	8,025 50			Mélisey.	25,320 »	
	Port-s.-Saône .	1,415 »			Saulx.	25,386 37	
	Rioz.	10,401 12			Vauvillers. . .	11,574 54	
	Scey-s.-Saône ,	1,443 69			Villersexel. . .	19,457 70	
	Vitrey.	27,903 11			Luxeuil. . . .	37,675 87	
			120,078 27				259,537 77
	Gray.	64,020 41					
	Autrey. . . .	26,160 33			TOTAL des pertes dans la Haute-Saône. . . .		574,037 03
	Champlitte. . .	787 45			Sinistres impayés :		
	Dampierre-sur-			1839.	4,774 76		
GRAY.	Salon. . . .	35,357 62		1840.	45,750 »	69,480 12	
	Fresnes-s-Mam.	10,007 89		1842.	18,955 36		
	Gy.	11,788 49					106,253 66
	Marnay. . . .	15,235 31		1845.	5,374 90		
	Pesmes. . . .	28,063 49		1846.	23,267 95	36,773 54	
			191,420 99	1847.	8,130 69		
	A reporter. . . .	311,499 26			Le paiement des sinistres est de.		464,783 37

DÉPARTEMENT DE LA HAUTE-MARNE.

Arr.	Cantons.	Montant des pertes par cantons	par arrondiss.	Arr.	Cantons.	Montant des pertes par cantons	par arrondiss.
	Chaumont. . .	8,684 81			*Report.* . . .	283,524 29	
	Andelot	30 »			Chevillon . . .	4,098 75	
CHAUMONT.	Bourmont . . .	6,525 39		VASSY.	Doulevant . . .	187 10	
	Chât.-Villain . .	5,321 08			Joinville. . . .	148 50	
	Juzennecourt. .	19,192 88			Poissons. . . .	270 80	
	Nogent-le-Roi .	52 »			Vassy	710 41	
			39,806 16				5,415 56
	Bourbonnes . .	39,075 43					
	Lafarté	12,958 45			TOTAL des pertes dans la Haute-Marne.		288,939 85
	Langres	14,921 95			Sinistres impayés :		
	Longeau. . . .	6,635 78		1839	412 77		
LANGRES.	Montigny. . . .	29,667 81		1830.	20,391 49	28,248 86	
	Neuilly. . . .	60,379 62		1842	7,444 66		
	Prauthois . . .	2,330 »					54,212 47
	Varennes . . .	35,585 64		1845	6,728 »		
	Fays-Billot . . .	42,163 45		1846	10,881 89	22,963 61	
			243,718 13	1847	5,353 72		
	A reporter. . . .	283,524 29			Le paiement des sinistres est de		237,727 38

TABLEAU RÉCAPITULATIF DES SINISTRES.

Départements.	Total des pertes.	Indemnités payées.	Indemnités impayées.	
			Exercices clos.	Exercices non clos.
Côte-d'Or.	1,156,893 48	933,775 94	84,052 47	139,065 07
Yonne.	848,204 45	671,281 09	65,964 71	110,958 65
Saône-et-Loire	454,494 29	427,756 04	14,656 06	12,082 19
Doubs.	1,741,365 74	1,401,013 85	101,104 71	140,247 18
Haute-Saône	571,037 03	464,783 37	69,480 12	36,773 54
Haute-Marne	288,939 85	237,727 38	28,248 86	22,963 61
	5,060,934 84	4,232,337 67	366,506 93	462,090 24

OBSERVATIONS.

Si la Mutualité a été dans la nécessité d'augmenter ses tarifs, elle peut justifier de cette nécessité ; elle a couvert des sinistres pour . . . 4,232,337 67
Ses frais d'expertises peuvent être évalués. 180,000 00
Elle a distribué 110 pompes qui représentent au moins 110,000 00
Elle a eu des frais contentieux, des frais de banque qui, pendant les 23 années de son existence et avant sa mise en liquidation, dépassent 60,000 00

On peut donc considérer que ses dépenses sur fonds sociaux s'élèvent au moins à. 4,582,337 67
Les frais d'administration étaient séparés des fonds sociaux ; ils appartenaient exclusivement au directeur, tant pour son émolument que pour celui des agents receveurs. Ils n'ont jamais dépassé 20 p. 0/0 ; un traité à forfait avait été conclu entre les conseils et le directeur.
Ces observations et les tableaux qui précèdent répondent aux calomnies tant de fois répétées contre les conseils de la Société et contre le directeur. On y verra la preuve que les conseils ont surveillé, comme c'était leur devoir, la gestion du directeur ; que ce dernier a employé les fonds sociaux dans l'intérêt des sociétaires, et qu'il n'a jamais disposé, selon son droit, que de ses frais d'administration dont il ne devait aucun compte.

N° 5.

[5] EXTRAIT DU REGISTRE DES DÉLIBÉRATIONS DU CONSEIL D'ADMINISTRATION DE LA MUTUALITÉ DIJONNAISE.

Séance du 24 février 1841.

Cejourd'hui vingt-quatre février mil huit cent quarante-un, le conseil d'administration s'est réuni, sur la convocation du directeur, dans la salle ordinaire de ses séances, à la direction, à six heures et demie du soir.
Étaient présents :
MM. Saverot, Poncet, Delachère, Petitjean de Marcilly, Hubert-Fartier, De Saint-Seine, Serrigny, Lavalle, Guillemot, Versillé, Chanut, Douillier, Peignot et Lacordaire.
La séance est déclarée ouverte par le président.
La commission nommée par le conseil d'administration dans sa séance du 30 décembre 1840, pour l'examen des comptes de 1839, déclarant que ces comptes ont été vérifiés par elle le 30 janvier suivant, et que les différentes rectifications résultant de ce travail et des observations faites par le contrôleur étant aujourd'hui convenablement réglées, l'assemblée arrête lesdits comptes de la manière suivante :

CHAPITRE 1er.

Fixation de la masse d'assurances qui a fourni le fonds de pompe, le fonds de prévoyance et la portion contributive.

D'après l'état coté n° 1er, la masse d'assurances arrêtée par le conseil d'administration, dans sa séance du 11 janvier 1840, s'élevait à la somme de. . . . . 246,251,400 f.

Elle s'est augmentée des assurances obtenues en 1839, détaillées en l'article coté n° 2, appuyé des bordereaux des agents, assurances qui s'élèvent à. 34,969,300

Ce qui portait la masse totale à. 281,220,700

Mais elle a éprouvé, par suite des recouvrements et quelques rectifications, les variations suivantes :

Savoir :

En diminutions résultant des renonciations, changement de n° et non-valeurs portées au registre n° 2, à l'appui duquel le directeur fournit les pièces justificatives. 14,148,800

En augmentations détaillées au même registre. . . . 154,300

Ce qui donne en définitive une diminution de. 13,994,500

D'où il suit que la masse d'assurances ayant fourni le fonds de prévoyance, le fonds de pompe et la portion contributive, se trouve fixée à. . . . . 267,226,200 f.

Comme preuve de l'exactitude de tout ce qui précède, le directeur soumet au conseil l'état coté n° 3, la récapitulation des registres matricules cotés n° 4 et 4 bis, et celle des états de répartition de la portion contributive de 1839 cotée n° 5 bis ; le tout parfaitement d'accord avec ce qui est établi ci-dessus.

CHAPITRE 2.

Fonds de Pompe.

RECETTES.

Du résumé général de la Société, coté n° 3, il appert que le montant du fonds de pompe était pour 1839, de. . . . . 13,375 f. 84 c

A quoi il faut ajouter :

1° Report au crédit social des frais de dépôt de la situation de l'exercice 1837, imputés par erreur au fonds de pompe 1838. . . . . 6 40

2° Report au crédit social du montant de la médaille accordée à l'auxiliaire Pinot. (Délibération du 11 janvier 1840.) . . . . 14 »

3° Remboursement fait par le directeur pour diverses rectifications aux comptes de 1838. (Voir l'état dressé par le commissaire-contrôleur et arrêté par le conseil le 11 janvier 1840. . . . . . . 44 50

4° Intérêts d'un an sur ladite somme, à 6 °/₀. 2 65

5° Remboursement fait par la commune de Rougemont (Doubs) de partie du prix de la pompe montée sur chariot à quatre roues, qui lui a été décernée. . . . . 300 »

6° Remboursement fait par la commune de Rougeux (Haute-Marne) de partie du prix de la pompe montée sur chariot à quatre roues, qui lui a été décernée. . . . . 700 »

7° Remboursement fait par le directeur des non-valeurs comprises à tort dans les comptes de 1839. (Voir la récapitulation du registre n° 1er.) 17 90

8° Escompte de 5 °/₀ sur le montant de la facture du 24 août 1839, du sieur Guérin et Cie, fournisseur de pompes. . . . . . 174 »

TOTAL des Recettes. . . . . . 14,635 f. 31 c.

DÉPENSES.

D'après l'état cité à l'article de recettes, les dépenses du fonds de pompe se composent :

1° De l'excédant des charges sur les ressources du fonds de pompe de 1839 ; de gratifications accordées à des pompiers, à des personnes qui se sont distinguées dans des incendies ; d'achat de médailles ; d'achat de pompes avec tous leurs agrès, et d'autres dépenses analogues : le tout détaillé à la situation générale cotée n° 3, et montant ensemble à. . . . 8,502 84

2° Du transport aux fonds sociaux du solde du fonds de pompe de 1839, affecté au paiement de partie des sinistres de cet exercice. (Délibération du 11 janvier 1840) 6,132 47

TOTAL des Dépenses, égal à celui des Recettes. . . 14,635 f. 31 c.

CHAPITRE 3.

Fonds sociaux.

RECETTES.

La masse d'assurances résultant du 1er chapitre et du résumé de la situation de la Société, coté n° 3, a fourni en fonds de prévoyance. . . 163,116 f. 01 c.
En portion contributive 114,429 33

277,545 34

A quoi il faut ajouter : 1° La réserve de 1838 ou excédant des ressources de cet exercice, reporté par le conseil au crédit de 1839. (Voir la délibération du 11 janvier 1840.). 43,017 35

2° Le remboursement fait par le directeur des non-valeurs comprises à tort dans les comptes de 1839. (Voir la récapitulation du registre n° 1er. 224 33

3° La rectification d'une erreur existant à la première page de la Situation générale de 1838, agence d'Auxerre ; le fonds de prévoyance, d'après les états de répartition de 1837-38, y figurant pour 13,982 fr. 84 c., au lieu de 14,710 fr. 59 c. 727 75

4° Le remboursement fait par le directeur pour diverses rectifications aux comptes de 1838. (Voir l'état dressé par le commissaire-contrôleur et arrêté par le conseil d'administration le 11 janvier 1840.). . 367 59

5° Intérêts d'un an sur ladite somme, à 6 %. 22 06

6° Le remboursement des intérêts à 5 % sur 5,577 fr. 34 c., solde de l'agence de Gray, exercice 1838, du 30 avril 1839 au 1er janvier 1840. . . . . 185 92

7° Le remboursement des intérêts à 5 % sur 152 fr. 84 c., solde de l'agence de Gray, exercice 1839, du 30 avril 1839 au 31 décembre 1840. . . . . 12 06

8° Le remboursement fait par le directeur, des 2/40es des frais d'administration de 1839. (Voir l'état qui a fixé ce remboursement coté n° 6.) 4,452 18

9° Report au crédit social du solde du fonds de pompe de 1839. (Délibération du 11 janvier 1840.). 6,132 47

10° La retenue faite au sieur Henri Thomas, n° 1534 de l'agence de Vesoul, incendié de 1839, pour fausse classification. 3 87

TOTAL des Recettes. . . . . . 332,690 f. 92 c.

Report des recettes. . 332,090 92

DÉPENSES.

Il résulte des états cotés nᵒˢ 7, 8 et 9, arrêtés par le conseil d'administration le 25 janvier 1840, 10, 11 et 12, arrêtés aujourd'hui, que les dépenses portant sur l'exercice 1839 sont les suivantes :

1° Première indemnité payée aux incendiés de 1839. . . . . : 171,068 f. 87 c.

Deuxième indemnité répartie entre les mêmes. 136,855 09

TOTAL payé aux indemnisés. . . 307,923 96

2° Les frais d'expertise et de déplacement des agents, arrêtés le 25 janvier 1840 . . . . . 4,107 50

3° Les frais judiciaires ou contentieux arrêtés le même jour. 489 50

4° Sinistres supplémentaires :
Première indemnité. 162 62
Deuxième id. 130 10

TOTAL des sinistres supplémentaires. ——— 292 72

5° Expertises supplémentaires : Au sieur Bastide, expert, pour le procès-verbal nᵒ 224 bis. . 40 »
Au sieur Monnier. . . . . . . 3 »
A l'agent principal pour procès-verbal nᵒ 251 bis. . . . . 7 »

TOTAL des expertises supplémentaires. ——— 20 »

6° Les frais contentieux arrêtés aujourd'hui. . . 1,932 84

7° Les intérêts, commission, etc., payés au banquier de la Société, suivant l'état ci-joint coté nᵒ 11. . 7,973 98

8° Traitement du commissaire-contrôleur. . . . 2,500 »

9° Le remboursement fait au directeur pour le moins perçu sur les frais d'administration de 1839, le tarif n'ayant pas été changé. (Voir l'état coté nᵒ 12.) 4,531 64

10° Les frais d'impression des résumés du conseil général, section de 1839. . . . . . 120 »

11° Payé l'intérêt du retard au nᵒ 806 de Lure. Cette somme avait été reportée au crédit de la Société dans les comptes de 1837; elle a été payée depuis. 3 23

TOTAL des Dépenses. ——— 329,895 37

Excédant des ressources sur les charges de 1839. . 2,795 55
somme à reporter au crédit du fonds social dans les comptes de 1840.

A l'appui des dépenses, le directeur fournit toutes les pièces justificatives qui s'y rattachent.

La preuve de l'exactitude des comptes résumés ci-dessus, résulte du grand-livre de la direction, qui est le contrôle général de toutes les opérations.

Le compte du banquier doit présenter un solde égal à l'excédant des recettes sur les dépenses du fonds de pompe et des fonds sociaux réunis; et c'est ce qu'il présente effectivement :

Le grand-livre de la direction établit le banquier débiteur de. . 6,889 f. 55 c.

Si on retranche de ce solde la somme mise en réserve pour la première indemnité revenant au sieur Amiot, nᵒ 10951, sinistre d'Etalans du 17 juin, agence de Besançon, de. . . . . 4,094 »

on retrouve bien la somme de. 2,795 55

d'accord avec le résumé établi à la fin de la situation générale coté nᵒ 3.

Le Conseil d'administration, prononçant sur l'apurement des comptes de 1839,

ARRÊTE :

ARTICLE 1er. Les comptes des recettes et dépenses de l'exercice 1839 demeurent apurés.

ART. 2. L'excédant des recettes et des dépenses pour les fonds sociaux, qui s'élève à la somme de deux mille sept cent quatre-vingt-quinze francs cinquante-cinq centimes, sera reporté par le directeur au crédit du fonds social, exercice 1840.

ART. 3. L'expédition du présent compte sera remis par le président du conseil d'administration au président du conseil général, lors de sa prochaine réunion, en exécution de l'article 84 des statuts.

Ainsi fait et clos à Dijon, les jour, mois en an que dessus.

Signé au registre :

SAVEROT, PONCET, DELACHÈRE, PETITJEAN DE MARCILLY, DE SAINT-SIÉNE, SERRIGNY, LAVALLE, GUILLEMOT, VERSILLÉ, CHANUT, DOUILLIER, PEIGNOT et LACORDAIRE.

N° 6.

EXTRAIT DU REGISTRE DES DÉLIBÉRATIONS DU CONSEIL D'ADMINISTRATION DE LA MUTUALITÉ DIJONNAISE.

[6]   *Séance du 30 novembre 1842.*

Cejourd'hui trente novembre mil huit cent quarante-deux, le conseil d'administration s'est réuni sur la convocation du directeur, à six heures et demie du soir, dans la salle ordinaire de ses séances, à la direction.

Étaient présents :

MM. Saverot, président; Vuillierod, Petitjean de Marcilly, Chanut, Peignot, Varey, Guillemot et Lorin.

La séance est ouverte à sept heures.

La commission nommée par le conseil d'administration dans sa séance du 10 janvier 1842, pour l'examen des comptes de 1840, déclarait que ces comptes ont été vérifiés par elle les 4, 6 et 10 mai suivants; et, que les différentes rectifications résultant de ce travail et des observations faites par le contrôleur étant aujourd'hui convenablement réglées, l'assemblée arrête lesdits comptes de la manière suivante :

CHAPITRE 1er.

Fixation de la masse d'assurances, qui a fourni le fonds de pompe, le fonds de prévoyance et la portion contributive.

La masse d'assurances de 1839, arrêtée par le conseil d'administration dans sa séance du 24 février 1844, s'élevait à la somme de. . . . . 267,226,200 f.

Elle s'est augmentée des assurances obtenues en 1840, détaillées dans l'état coté n° 2, appuyé des bordereaux des agences, assurances qui s'élèvent à. 39,330,900

Ce qui portait la masse totale à. . . . . ——————— 306,557,100

Mais elle a éprouvé, par suite des renonciations et quelques rectifications, les variations suivantes

Savoir :

En diminutions résultant des renonciations, changement de n°s et non-valeurs portées au registre n° 2, à l'appui duquel le directeur fournit les pièces justificatives. 19,648,600

En augmentations détaillées au même registre. . . 127,500

Ce qui donne en définitive une diminution de. . . ——————— 19,521,100

D'où il suit que la masse d'assurances ayant fourni le fonds de prévoyance, le fonds de pompe et la portion contributive, se trouve fixée à. . . . . ——————— 287,036,000 f.

Comme preuve de l'exactitude de tout ce qui précède, le directeur soumet au conseil l'état coté n° 14, la récapitulation des registres matricules coté n° 9; le tout parfaitement d'accord avec ce qui est établi ci-dessus.

CHAPITRE 2.

Fonds de Pompe.

RECETTES.

Du résumé général de la situation de la Société, cotée n° 14, il appert que le montant du fonds de pompe était pour 1840, de. . . . . . . 14,492 f. 04 c.

A quoi il faut ajouter :

1° Remboursement de non-valeurs comprises à tort dans les comptes de 1840. (Voir la récapitulation du registre n° 1er.).   4   25

2° Remboursement fait par la commune d'Arbigny-sous-Varennes (Haute-Marne), de partie du prix de la pompe qui lui a été décernée. .   400 »

3° Remboursement fait par le directeur, suivant l'état dressé par le commissaire-contrôleur et arrêté par le conseil d'administration le 24 février 1841; savoir :

Peinture de la pompe n° 66, faisant double emploi avec les n°s 50 et 51 124 20

Intérêts sur la somme ci-dessus à 6 %, du 11 janvier 1840 au 31 janvier 1842. . . . .   15 50

Peinture de chariot pour Rougeux, n° 62, faisant double emploi dans la facture Thuillier, payée en 1840. . . . .   40 »

Intérêts à 6 % sur les 40 francs ci-dessus, du 6 novembre 1840 au 31 janvier 1842. . . . .   3 »

Haches pour Avallon, n° 28, double emploi avec le n° 35. . . . .   27 »

Intérêts à 6 % sur lesdits 27 francs, depuis le 26 octobre 1839 au 31 janvier 1842. . . . .   3 70

Transport de la pompe de Rougeux, n° 1, double emploi avec les 30 francs alloués en 1838 sur cet objet. . . . .   20 »

Intérêts à 6 % sur lesdits 20 francs, du 28 août 1839 au 31 janvier 1842. . . . .   2 95

                          TOTAL des Recettes. . . . 15,132 64

DÉPENSES.

D'après l'état n° 14, les dépenses du fonds de pompe se composent :

1° De gratifications accordées à des pompiers, à des personnes qui se sont distinguées dans des incendies; d'achat de médailles, d'achat de pompes avec tous leurs agrès, et d'autres dépenses analogues : le tout détaillé à la situation générale, et montant ensemble à   13,571 20

2° Du transport aux fonds sociaux du solde du fonds de pompe de 1840, affecté au paiement de partie des sinistres. 1,561 44

TOTAL des Dépenses égal à celui des Recettes. . 15,132 64   15,132 f. 64 c.

CHAPITRE 3.

Fonds sociaux.

RECETTES.

La masse d'assurances résultant du premier chapitre et du résumé de la situation de la Société, côté n° 14, a fourni :

En fonds de prévoyance.	164,215 f.	23 c.
En portion contributive.	115,614	75
Ensemble.	279,829	98

A quoi il faut ajouter :

1° La réserve de 1839, ou excédant des ressources de cet exercice reporté par le conseil au crédit de 1840.	2,795	55
2° Remboursement de non-valeurs sur les fonds sociaux, comprises à tort dans les comptes de 1840. (Voir la récapitulation du registre n° 1er.).	55	92
3° Remboursement fait par le directeur, des 2/40es de frais d'administration de 1840. (Voir l'état qui a fixé ce remboursement, n° 6.).	4,840	38
4° Report au crédit social du solde de fonds de pompe 1840.	1,561	44
5° Fonds de pompe de 1841, suivant la délibération du 27 février 1841.	14,999	94
6° Imputation sur le fonds de pompe 1842, suivant la susdite délibération.	3,000	»
7° Différence entre ce que l'agent de Tonnerre a payé et ce qu'il aurait dû payer au n° 1228, sinistre du 12 avril 1837.	31	50
8° Montant du remboursement fait par l'assuré n° 7421 de l'agence de Dijon.	1	60
TOTAL des Recettes.	307,116	31

DÉPENSES.

Les dépenses portant sur l'exercice 1840 sont les suivantes :

1° Première indemnité payée aux incendiés de 1840.	271,043	52		
2° Les frais d'expertise et de déplacement des agents. (Voir état n° 7.).	6,121	»		
3° Les frais judiciaires ou contentieux, suivant l'état n° 1.	2,674	73		
4° Sinistre supplémentaire, première indemnité. (Sinistre d'Allerey.).	1,039	56		
5° Expertises supplémentaires :				
Au sieur Briancourt, se de Conflans, 7 janvier. 6 »				
Au sieur Forest, se d'Allerey, 20 juin. 30 »	67	»		
Au sieur Bonnet, id. id. 10 »				
A l'agent principal, id. id. 21 »				
6° Les intérêts, commission, etc., payés au banquier de la Société, suivant l'état n° 5.	16,577	97		
7° Traitement du commissaire contrôleur.	2,500	»		
8° Le remboursement fait au directeur pour le moins perçu sur les frais d'administration de 1840, le tarif n'ayant pas été changé. (Voir l'état n° 8.).	11,571	05		
TOTAL des Dépenses.			311,594	83
Excédant des charges sur les ressources de 1840.			4,478 f.	52 c.

Cette somme de 4,478 fr. 52 c. est restée au débit du fonds social dans les comptes de 1841.

A l'appui des dépenses, le directeur fournit toutes les pièces justificatives qui s'y rattachent.

La preuve de l'exactitude des comptes résumés ci-dessus résulte du grand-livre de la direction, qui est le contrôle général de toutes les opérations.

Le compte du banquier doit présenter un solde égal à l'excédant des dépenses sur les recettes du fonds de pompe et des fonds sociaux réunis, et c'est ce qu'il présente effectivement.

Le grand-livre de la direction établit le banquier créancier de . . . . 384 f. 52 c.

Si on y ajoute la première indemnité revenant au sieur Amiot, n° 10951, sinistre d'Etalans du 17 juin 1839, agence de Besançon, mise en réserve . . . . 4,094 »

on trouve bien la somme ci-dessus. . . . . 4,478 f. 52 c.

d'accord avec le résumé établi à la fin de la situation générale cotée n° 14.

Le Conseil d'administration, prononçant sur l'apurement des comptes de 1840,

ARRÊTE :

ARTICLE 1ᵉʳ. Les comptes des recettes et dépenses de l'exercice 1840 demeurent appurés.

ART. 2. L'excédant des recettes sur les dépenses pour les fonds sociaux, qui s'élève à la somme de quatre mille quatre cent soixante-dix-huit francs cinquante-deux centimes, sera reporté par le directeur au débit du fonds social, exercice 1841.

ART. 3. L'expédition du présent compte sera remise par le président du conseil d'administration au président du conseil général, lors de sa prochaine réunion, en exécution de l'article 81 des statuts.

Ainsi fait et clos à Dijon, les jour, mois et an que dessus.

Signé au registre : SAVEROT, PETITJEAN DE MARCILLY, LORIN, GUILLEMOT, PEIGNOT, CHANUT, VAREY et VUILLEROD.

N° 7.

EXTRAIT DU REGISTRE DES DÉLIBÉRATIONS DU CONSEIL D'ADMINISTRATION DE LA MUTUALITÉ DIJONNAISE.

[7] Séance du 20 mai 1844.

Cejourd'hui vingt mai mil huit cent quarante-quatre, le conseil d'administration, convoqué par le directeur, s'est réuni à la direction générale, dans la salle ordinaire de ses séances, à six heures et demie du soir.

Etaient présents :

MM. De Cléry, doyen du conseil municipal ; Vuillerod et Guillemot, conseillers à la Cour royale ; Versillé, juge au tribunal civil ; Morelot, doyen de la Faculté de droit ; Gruère, médecin ; Peignot, avocat ; Borne, ancien notaire ; Petitjean de Marcilly, receveur des hospices.

L'assemblée, en l'absence de M. Saverot, président du conseil, nomme président pour la séance son doyen d'âge, M. De Cléry.

La séance ayant été déclarée ouverte, la commission nommée dans la séance du 22 février dernier fait connaître au conseil, par l'organe d'un de ses membres, son opinion sur chacune des questions à l'ordre du jour, lesquelles ayant été mises en délibération l'une après l'autre, donnent lieu de la part de l'assemblée aux décisions ci-après rapportées.

COMPTES DES RECETTES ET DÉPENSES DE L'EXERCICE 1842.

Les comptes des recettes et dépenses de l'exercice 1842 ayant été reconnus exacts, sont clos et apurés de la manière suivante :

CHAPITRE 1er.

Fixation de la masse d'assurances qui a fourni le fonds de pompe, le fond de prévoyance et la portion contributive.

La masse d'assurances de 1841, arrêtée par le conseil d'administration dans sa séance du 11 août 1843, s'élevait à la somme de. . . . . 291,408,200 f.
Elle s'est augmentée des assurances obtenues en 1842, détaillées dans l'état côté n° 2, qui s'élève à. 17,826,800

Ce qui portait la masse totale à. 309,235,000
Mais elle a éprouvé, par suite des renonciations et de quelques rectifications, les variations suivantes :
Savoir : En diminutions, résultant des renonciations, changements de numéros et non-valeurs, portées au régistre n° 2, à l'appui duquel le directeur fournit les pièces justificatives ; ci. 14,200,300
En augmentations détaillées au même régistre ; ci. . . 86,000
Ce qui donne, en définitive, une diminution de. . . ————— 14,114,300
D'où il suit que la masse d'assurances ayant fourni le fonds de pompe, le fonds de prévoyance et la portion contributive, se trouve fixée à 295,120,700 francs ; ci. . . . . 295,120,700 f.

Comme preuve de l'exactitude de tout ce qui précède, le directeur soumet au conseil l'état côté n° 12, la récapitulation des registres matricules cotée n°s 3 et 4, et celle des états de répartition de la portion contributive de 1841 cotée n° 7 ; le tout parfaitement d'accord avec ce qui précède.

CHAPITRE 2.

Fonds de Pompe.

RECETTES.

Du résumé général de la situation cotée n° 12, il appert que le montant du fonds de pompe était, pour 1842, de. . . . . 15,042 f. 12 c.
A quoi il faut ajouter : 1° le recouvrement de ce qui a été porté en trop au total de non-valeurs de 1840-41 de Lure. 20
2° Le contrepassement de 1840-41 de la somme portée à tort comme comptée à Guérin. 548 65
3° Le contrepassement de 1839-40, du coût de médaille donnée au sieur Protat, agent de la Société. . . . . 14 »
4° Solde du fonds de pompe de 1842. . . . . 469 63

TOTAL des Recettes. 16,074 60

DÉPENSES.

D'après l'état n° 12, les dépenses du fonds de pompe se composent :
1° Du transport à 1839-40 d'une partie de fonds de pompe affecté au paiement des charges sociales de 1840. . . . . . . 3,000 »
2° Du transport à 1840-41, affecté au paiement des charges sociales de 1841. . . . . 12,118 47
3° Des frais de réparations de la pompe de Chemilly. . 126 »
4° Du paiement du loyer du magasin de pompes. . . 333 33
5° De gratifications accordées à des pompiers et aux personnes qui se sont distinguées dans les incendies ; des frais de transport de pompe : le tout détaillé à l'état de situation générale, coté n° 12, et montant ensemble à. . . . 496 80

Total des Dépenses égal à celui des Recettes. . . 16,074 60   16,074 f. 60 c.

CHAPITRE 3.

Fonds sociaux.

RECETTES.

La masse d'assurances résultant du premier chapitre et du résumé de la situation de la Société, cotée n° 12, a fourni :

En fonds de prévoyance. . . . . 163,894 f. 34 c.
En portion contributive. 107,649 96

Ensemble. 271,544 30
A quoi il faut ajouter :
Divers remboursements détaillés à l'état coté n° 12. . . . . . 390 69

TOTAL des Recettes. 271,934 99

DÉPENSES.

Les dépenses portant sur l'exercice 1842 sont les suivantes :
1° Indemnité payée aux incendiés de 1842, suivant l'état n° 6 ; ci. 245,825 47
2° Frais d'expertise et d'assistance des agents ; ci. . . 5,786 40
3° Excédant des dépenses sur les fonds sociaux, 1841, reporté au débit de l'exercice 1842. . . . . 9,854 76
4° Traitement du commissaire-contrôleur. . . . . 2,500 »
5° Frais contentieux suivant l'état n° 1er. 5,576 25
6° Intérêts et commissions payés aux banquiers, suivant l'état n° 5. . . . . 5,405 91
7° Remboursement à l'agent de Sens, pour surtaxe à divers numéros. 115 56
8° Diverses reprises des frais d'administration perçus en moins par le directeur. 2 87
9° Report au débit social du solde de fonds de pompe 1842. . . . . 469 63

TOTAL des Dépenses. . . . . . 275,536 f. 65 c.

Excédant des charges sur les ressources de 1842. . . . . . 3,601 66

Cette somme de 3,601 fr. 66 c. sera reportée au débit du fonds social dans les comptes de l'exercice 1843.

A l'appui des dépenses, le directeur fournit toutes les pièces justificatives qui s'y rattachent.

La preuve de l'exactitude des comptes résumés ci-dessus, résulte du grand-livre de la direction, qui est le contrôle général de toutes les opérations.

En effet, le grand-livre établit le solde du compte des opposants au paiement des indemnités. à. 7,369 20
Si l'on en déduit le solde du compte du banquier de la Société. . . 3,767 54

on trouve bien la somme ci-dessus. . . . . 3,601 f. 66 c.
d'accord avec le résumé établi à la fin de la situation générale cotée n° 12.

Le conseil d'administration, prononçant sur l'apurement des comptes de 1842 :

ARRÊTE :

ARTICLE 1er. Les comptes des recettes et dépenses de l'exercice 1842 demeurent apurés,

Art. 2. L'excédant des dépenses sur les recettes pour les fonds sociaux, qui s'élève à la somme de trois mille six cent-un francs soixante-six centimes, sera reporté par le directeur au débit du fonds social, exercice 1843.

Art. 3. Expédition du présent compte sera remise par le président du conseil d'administration au président du conseil général lors de sa prochaine réunion, en exécution de l'article 81 des statuts.

Ainsi fait et clos à Dijon, les jour, mois et an que dessus.

Signé au registre : DE CLÉRY, VERSILLE, MORELOT, PETITJEAN DE MARCILLY, BORNE, GUILLEMOT, CHUÈME et PIMOROT

N° 8.

POUVOIRS DES LIQUIDATEURS ET DU DIRECTEUR.

[8] *Extrait de la lettre adressée par la préfecture de la Côte-d'Or à M. Nicolas, directeur de la Société, le 28 mars 1848, contenant l'autorisation ministérielle d'appliquer l'article 106 des statuts à la liquidation.*

CITOYEN,

Le 23 février dernier, le préfet de la Côte-d'Or a transmis au ministre de l'agriculture et du commerce votre lettre du 21 dudit mois, par laquelle vous demandez dans quelle forme il devait être procédé à la liquidation de la Société d'assurances mutuelles immobilières contre l'incendie, de Dijon, qui a été dissoute par suite de révocation de l'ordonnance d'autorisation.

Le ministre vient de me répondre que cette liquidation ne peut avoir lieu que d'après le mode réglé par les délibérations du conseil d'administration, auquel l'article 106 des statuts confère les pouvoirs nécessaires pour opérer toute liquidation après dissolution.

Salut et fraternité.

Pour le commissaire du gouvernement provisoire :
Le secrétaire général provisoire du département,
Signé LÉVÈQUE.

[9] *Extrait de la Gazette des Tribunaux des lundi 19 et mardi 20 novembre 1849 (n° 6982). — Cour de cassation (chambre civile). — Présidence de M. Portalis, premier président (bulletin 19 novembre). — Société d'assurances contre l'incendie. — Dissolution. — Recouvrement des cotisations dues par les assurés. — Action du directeur. — Compétence.*

Le directeur d'une Société mutuelle d'assurances contre l'incendie n'a qualité, pour représenter la Société et réclamer en justice le paiement des cotisations dues par les actionnaires assurés, que tant que cette Société subsiste : après sa dissolution, même prononcée par ordonnance royale, pour contravention au règlement, le pouvoir du directeur cesse ; le recouvrement de ce qui peut être dû n'appartient plus désormais qu'à la liquidation, et, par suite, *au conseil d'administration chargé de cette liquidation*, aux termes des statuts. Sans doute, par suite de ces mêmes statuts, qui lui en conféraient le droit, le conseil d'administration *peut nommer pour liquidateur* le directeur dont les pouvoirs sont expirés ; mais, tant que cette nomination n'est point officielle et qu'elle n'est point représentée dans le cours du débat suscité par des récalcitrants qui résistent à l'action du directeur, formée contre eux en paiement de leurs cotisations, le jugement qui déclare le directeur non-recevable, comme étant sans pouvoir pour agir depuis la dissolution prononcée de la Société, loin de violer la loi en matière de Société d'assurances, n'en fait, au contraire, qu'une juste application.

Rejet, au rapport de M. Gillon, conseiller, du pourvoi formé contre un jugement rendu par le tribunal civil de Sens, le 22 juin 1848 ; conclusions conformes de M. Nicias Gaillard, premier avocat général ; plaidant : Me Delachère, avocat. (Affaire Nicolas, contre Mou et Charpentier.)

7

[10] *Extrait du jugement du tribunal de première instance de Montbéliard du 28 juillet 1850.*

(Affaire de la Mutualité, contre Guillemot d'Allenjoie.)

Le tribunal,

Attendu sur la fin de non-recevoir prise de ce que le conseil d'administration de la Mutualité dijonnaise ne serait pas régulièrement composé; que l'article 106 des statuts de ladite Société porte qu'à l'expiration de 30 années, que devait durer la société, il sera procédé, par le conseil d'administration, à la liquidation de la Société; que, dans l'intention des sociétaires, ledit conseil d'administration devait être chargé de la liquidation dans les autres hypothèses de dissolution; que le supposer autrement ce serait rendre toute liquidation impossible,

Rejette la fin de non-recevoir proposée.

[11]   *Extrait du jugement du tribunal civil de Besançon du 6 août 1849.*

Sur la fin de non-recevoir tirée du défaut de qualité du demandeur originaire, attendu que la Société d'assurances mutuelles, formée à Dijon, le 26 juin 1824, a été irrévocablement dissoute par ordonnance du 9 février 1848; qu'il est évident que, pour les faits accomplis pendant sa durée, une liquidation était inévitable;

Qu'en principe, si le liquidateur n'a pas été désigné à l'avance dans l'acte même de Société, il doit être nommé par les associés, après qu'elle a cessé d'exister; mais que le consentement de tous est indispensable, puisque la mission donnée au liquidateur est un véritable mandat; qu'il suit de là que, si, comme le soutient l'appelant, le conseil d'administration était sans titre pour opérer la liquidation, il faudrait rassembler les associés au nombre de plus de 50,000, pour qu'ils choisissent un liquidateur; mais qu'aucun d'eux n'a spécialement qualité pour faire cette convocation; que, d'un autre côté, la difficulté de les réunir tous serait à peu près insurmontable; qu'enfin, il y aurait à craindre, de la part de quelques-uns, un refus de concours qui suffirait pour que le but de la réunion ne fût pas atteint; que ce moyen est donc impraticable;

Attendu qu'il y aurait la même impossibilité de s'adresser aux tribunaux pour obtenir une liquidation par jugement; mais attendu que l'article 106 des statuts, prévoyant le cas où la durée de la Société, fixée à 30 ans par l'article 2, ne serait pas prolongée, confie au conseil d'administration le soin de procéder à la liquidation générale sur le compte dressé par le directeur, etc.;

Que cet article, sinon par ses termes, au moins par les motifs qui l'ont dicté, s'applique à l'espèce; que si, dans le cas qui y est prévu, le conseil d'administration a été désigné pour cette opération, il ne l'a été que parce qu'il offrait par sa composition, par la connaissance des affaires sociales qu'une longue gestion devait lui procurer, toutes les garanties désirables; que ce motif est le même, quoique la Société n'ait pas été dissoute de la manière indiquée dans cette disposition;

Que, sans doute, on est fondé à reprocher à ce conseil d'avoir violé les statuts, surtout en ne faisant pas approuver par le gouvernement des modifications successivement apportées aux tarifs, et en passant avec la Société *la Bienfaisante* le traité du 18 juillet 1846; mais que ce reproche, quelque mérité qu'il soit, n'est cependant pas de nature à le dépouiller du mandat dont il s'est cru investi et qu'il exerce en ce moment;

Que, d'ailleurs, consulté sur la question de savoir comment se ferait la liquidation, le ministre du commerce a répondu qu'elle devait s'opérer conformément à l'article 106;

Qu'ainsi, soit par nécessité, soit par analogie, et, suivant la règle, que la solution doit être la même là où il y a même raison de décider, soit d'après l'opinion du ministre du commerce, la fin de non-recevoir, présentée par l'appelant, ne saurait être accueillie;

N° 9.

POUVOIRS CONFÉRÉS AUX DIRECTEURS.

[12]   *Extrait du Registre des délibérations du Conseil d'administration.*

SÉANCE DU 2 JUIN 1848.

Le Conseil d'administration,

Vu l'ordonnance de dissolution en date du 9 février 1848 ;

Vu la lettre de M. le préfet de la Côte-d'Or du 28 mars suivant, adressée à M. Nicolas, directeur de la Société, contenant l'autorisation ministérielle d'appliquer les dispositions de l'art. 106 des statuts à la liquidation, ce qui investit définitivement le conseil et le directeur des pouvoirs nécessaires ;

Considérant que, bien que l'art. 106 des statuts conserve positivement au directeur ses attributions pour le cas de dissolution, il importe, pour éviter toute objection à cet égard de la part des débiteurs récalcitrants et de toutes autres personnes, de le lui conférer de nouveau et d'une manière toute spéciale,

Arrête à l'unanimité :

En exécution de l'art. 106 des statuts, M. Nicolas, directeur actuel de la Société, demeure chargé de toutes les affaires de la liquidation, sous la surveillance du conseil d'administration, et avec le titre de liquidateur de l'établissement.

Tous les pouvoirs à ce nécessaires lui sont conférés, entre autres ceux de poursuivre par les voies de droit, soit par-devant les tribunaux de paix, en conciliation ou autrement, soit par-devant les tribunaux d'instance, d'appel et de cassation, la rentrée des cotisations dues par les assurés, y compris la portion contributive de 1847, pour solde ; de transiger au besoin ; de choisir tous avocats ou avoués ; de choisir, nommer, révoquer et poursuivre, en cas de malversation ou pour toute autre cause que ce soit, les employés de toute nature, sans exception, et agents nécessaires à la liquidation, ainsi que les inspecteurs ; de régler et apurer les comptes ; de faire effectuer le paiement des soldes dans la caisse sociale ; de fixer les remises et appointements ; de recevoir et donner quittance des cotisations à recouvrer sur les assurés, et de toutes autres sommes dues à la liquidation ; de transmettre à des tiers tout ou partie des présents pouvoirs ; de prendre hypothèque et de donner main-levée soit des hypothèques déjà prises, soit de celles qu'il devrait prendre à nouveau ; de passer procuration, s'il le jugeait indispensable, à un liquidateur adjoint ; de faire, enfin, tout ce qui sera utile à la marche rapide, régulière et fructueuse de la liquidation.

[15]   *Délibération du Conseil d'administration de la Société d'assurances mutuelles*
immobilières contre l'incendie.

SÉANCE DU 25 FÉVRIER 1850.

Le conseil réuni sous la présidence de M. Delachère, avocat, et sur sa convocation,

Vu l'art. 106 des statuts de la Société, dressé par acte passé devant MM. Joliet et Rouget, notaires à Dijon, le 26 juin 1824, dûment enregistré ;

Vu l'ordonnance de dissolution de ladite Société du 9 février 1848 ;

Vu la lettre du préfet de la Côte-d'Or du 28 mars 1848, contenant l'avis interprétatif du ministre de l'agriculture et du commerce sur l'art. 106 des statuts,

Nomme :

M. Mathieu-Delphin Denis, propriétaire, demeurant à Auxerre, directeur-liquidateur de la Société d'assurances mutuelles immobilières dijonnaise, en remplacement de M. Nicolas, démissionnaire.

À cet effet, M. Denis demeure chargé de toutes les affaires de la liquidation sous la surveillance du conseil d'administration qui lui confère les pouvoirs de poursuivre, par les voies de droit et devant tous tribunaux et en toutes juridictions, la rentrée des cotisations dues par les assurés, y compris la portion contributive de l'année 1847, pour solde, transiger au besoin, après avoir pris l'avis du président, qui en réfèrerait au conseil s'il y avait lieu; choisir tous avocats ou avoués; choisir, nommer, révoquer, poursuivre, en cas de malversation ou par toute autre cause, les employés de toute nature sans exception, ainsi que les agents et inspecteurs de la liquidation; régler et apurer tous comptes; donner bonnes et valables quittances; faire verser les soldes de comptes dans la caisse sociale; toucher et recevoir les cotisations dues par les assurés, en délivrer quittances ou récépissés; faire toutes compensations; distribuer, en se conformant aux décisions du conseil, tous dividendes pour indemnités aux incendiés; transmettre et déléguer à des tiers tout ou partie des présents pouvoirs, et généralement faire tout ce que le bien du service pourra exiger.

Ainsi fait et délibéré en séance, où étaient présents :

MM. Delachère, avocat, président; Moreau, vice-président; Douillier, imprimeur; Ronot, chevalier de la Légion-d'Honneur; Gagné, propriétaire; Belin, architecte; Marandet, ancien négociant; Dubois, chef d'institution; Dany, horloger; Blondeau, propriétaire; Roux, ancien avoué, secrétaire.

Dijon, le 25 février 1850.

N° 10.

LA RÉSOLUTION DU CONTRAT PAR SUITE DU TRAITÉ AVEC LA COMPAGNIE LA BIENFAISANTE N'A PAS LIEU DE PLEIN DROIT.

[14]   (EXTRAIT DE LA *Gazette des Tribunaux* DU 1er AVRIL 1849.)

Cour de cassation (chambre des requêtes). — *Bulletin du 20 mars.* — *Vente.* — *Résolution.* — *Nullité de plein droit.*

La résolution d'un acte de Société pour violation des statuts ne peut avoir effet que du jour de la demande. En faire remonter les conséquences à l'époque où se sont produits les faits constitutifs de cette violation, c'est contrevenir au principe qu'il n'y a pas de nullité de plein droit (art. 1184 du Code civil).

Admission au rapport de M. le conseiller Jaubert, et sur les conclusions conformes de M. l'avocat général Montigny (plaidant, M. Delachère), du pourvoi du sieur Nicolas, directeur de la compagnie d'assurances mutuelles contre l'incendie la *Dijonnaise.*

[15]   ARRÊT DE LA COUR D'APPEL DE PARIS.

2 *février 1850.*

(Affaire de la Mutualité contre Mou et Charpentier.)

La cour,

En ce qui touche la dissolution de Société employée comme demande reconventionnelle opposée par Charpentier et Mou à la demande de Nicolas, en paiement par eux de leur portion contributive de 1846, et des premiers droits de 1847;

Considérant que la résolution d'un contrat ne peut avoir lieu de plein droit; qu'aux termes de l'article 1184 du Code civil, elle doit être demandée; que ce principe s'applique au contrat de Société comme à tous autres; que, d'ailleurs, l'article 1865 du même Code est inapplicable, puisque le paragraphe 5 de cet article, aux termes de l'article 1869, ne peut opérer la dissolution de la Société, par la volonté d'un associé, qu'autant qu'il s'agit d'une Société dont la durée est illimitée, ce qui n'a pas lieu dans l'espèce; qu'ainsi *la dissolution de la Société ne pourrait*, dans tous les cas, remonter au mois de juillet 1846, époque de la retraite volontaire de quelques-uns des assurés;

Mais considérant que l'infraction aux statuts de la Société, constatée par l'ordonnance de révocation de l'autorisation donnée à la fondation de la Société par une ordonnance ultérieure, est à plus forte raison un motif de résolution du contrat; que cette infraction au contrat est antérieure à novembre 1847;

Considérant que la date de la résolution demandée par Charpentier et Mou ne peut, quant à eux, remonter qu'à novembre 1847, époque de leur demande; puisque, jusque-là, ils ont accepté une communauté d'intérêts qu'il n'a tenu qu'à eux de faire cesser par une demande régulière; qu'en gardant le silence, ils ont manifesté l'intention de participer aux avantages de la communauté; qu'ils ne peuvent se soustraire aux charges communes jusqu'au moment où ils ont manifesté leur intention; que parmi ces charges, il est justifié que les réclamations de Nicolas, ès noms qu'il agit, sont conformes aux obligations contractées par les assurés, et qu'elles n'excèdent pas ce qui peut être dû par Mou et Charpentier jusqu'à novembre 1847,

Met l'appellation et ce dont est appel au néant, en ce que les premiers juges ont prononcé la dissolution de la Société la Dijonnaise, et ont fixé au 1er juillet 1846 l'époque de la dissolution de cette Société, et en ce qu'ils ont déclaré Nicolas mal fondé dans ses demandes;

Les condamne tous deux aux intérêts desdites sommes à compter du jour de la demande; etc., etc.

Déclare résolu, à compter de novembre 1847, date de la demande en dissolution de Mou et Charpentier, le contrat de Société de l'assurance mutuelle la Dijonaise, en ce qui concerne lesdits Mou et Charpentier, etc., etc.

Fait et prononcé en la cour d'appel de Paris, le samedi 2 février 1850, à l'audience publique de la quatrième chambre.

[16]   JUGEMENT DU TRIBUNAL CIVIL DE BESANÇON DU 6 AOÛT 1849.

Sur le troisième et dernier moyen : attendu qu'il n'est pas douteux que le conseil d'administration, en passant avec la compagnie la Bienfaisante le traité du 18 juillet 1846, a manqué essentiellement aux obligations qui avaient été contractées envers les associés; qu'il semblerait donc que, par réciprocité, chaque associé s'est trouvé délié des engagements qu'il avait pris envers la Société, et, qu'en conséquence, il aurait pu demander la résolution de la convention particulière par laquelle il avait adhéré aux statuts; mais que, dans cette hypothèse même, la résolution n'aurait pas eu lieu de plein droit et qu'il aurait fallu la proposer en justice et la faire prononcer par les tribunaux;

Attendu que les effets de cette demande n'auraient pas été différents de ceux de la demande en nullité dont il vient d'être parlé; qu'il y aurait eu, en effet, les mêmes raisons pour porter une semblable décision; qu'autrement, on aurait rendu les tiers victimes d'un fait qui ne leur aurait pas été imputable; que le traité particulier aurait donc été anéanti pour l'avenir, mais qu'il n'aurait été porté aucune atteinte aux faits accomplis; que ces principes résultent implicitement de l'article 1184 du Code civil.

TRIBUNAL CIVIL DE CHALON-SUR-SAONE.

Jugement du 17 août 1852.

Considérant sur la première question que, s'il est vrai d'une part, qu'à la suite du traité du 18 juillet 1846 entre la Mutualité et la Bienfaisante, l'intimée, comme tout autre coassuré qui avait refusé de passer à la Bienfaisante, était bien fondé à sortir immédiatement de l'association; et d'autre part que l'intimée n'avait pas été néanmoins dégagée par le fait seul de ce traité, et, en conséquence, qu'il y avait nécessité pour elle de faire prononcer en justice la résolution de son engagement; il ne résulte pas logiquement des deux principes ci-dessus la conséquence doctrinalement posée par l'appelant, à savoir :

Que faute par l'intimée d'avoir demandé en justice, avant le 1er janvier 1848, la résolution de son engagement, daté du 20 août 1827, et dûment enregistré, elle doit nécessairement être condamnée à payer ses cotisations pour les années 1846 et 1847, parce que l'en décharger ce serait faire produire à la demande des effets rétroactifs, en violation de l'article 1184;

Qu'en effet, s'il était constant que ledit traité ait causé à l'intimée un préjudice réel sur son exception ainsi justifiée, la Société demanderesse devrait être condamnée à le réparer intégralement; et, en conséquence, que ces réparations civiles se compenseraient naturellement, à due concurrence, avec les cotisations dues; ce ne serait pas faire rétroagir sa demande en résolution, mais simplement liquider ses dommages et intérêts et les compenser avec les cotisations;

Mais qu'attendu en fait qu'il n'a pas même été articulé, soit dans les conclusions, soit dans les qualités du jugement du 27 mai 1852, que le traité avec la Bienfaisante avait causé à l'intimée un préjudice quelconque, soit en aggravant ses charges, soit en diminuant ses sûretés;

Attendu, au surplus, qu'en gardant le silence après la publicité notoirement donnée au traité du 18 juillet 1846, l'intimée est censée avoir voulu continuer son engagement avec la Mutualité aux mêmes clauses et conditions que devant, et non pas avoir fait le calcul immoral de se faire indemniser en cas de sinistre, et, au cas contraire, de ne pas payer ses cotisations;

Attendu, enfin, que rien ne prouve, comme il est énoncé au jugement attaqué, que la compagnie ait tenu l'intimée pour déliée de son engagement envers elle, après le traité du 18 juillet 1846. Ce traité, en ce qui concernait les assurés, n'ayant eu et n'ayant pu avoir pour effet que, 1° de les mettre en droit de demander la résolution de leur engagement avec la Mutualité; 2° ou bien d'accepter purement et simplement ledit traité par lequel ils passaient de la Mutualité à la Bienfaisante; 3° ou, enfin, de rester dans la Mutualité nonobstant le traité.

JUSTICE DE PAIX DU CANTON NORD DE CHALON-SUR-SAÔNE.

Jugement du 18 octobre 1847.

Attendu en fait que par suite du traité conclu le 18 juillet 1846 entre la Mutualité dijonnaise et la Bienfaisante, compagnie à primes, un grand nombre des assurés de la première Société a passé à la deuxième, fait désormais accompli, quel que soit le sort du traité frappé par l'arrêt de la cour royale de Dijon, du 30 mars 1847;

Attendu en droit, que ce résultat qui compromet la position des assurés restés à la Mutuelle, en les privant des garanties que leur offrait la présence des autres, a porté une atteinte grave au contrat primitif d'association, aujourd'hui dénaturé, et a placé les sociétaires dans l'alternative accordée par l'article 1184 du Code civil;

Attendu qu'aux termes de cet article, la condition résolutoire, toujours sous-entendue dans les contrats synallagmatiques pour le cas où l'une des parties ne satisfera point à son engagement, ne produit pas son effet de plein droit; que la partie envers laquelle l'engagement n'a point été exécuté a le choix ou de forcer l'autre à l'exécution de la convention lorsqu'elle est possible, ou d'en demander la résolution au juge, qui peut accorder délai au défendeur, selon les circonstances;

Attendu que dans l'espèce, l'action résolutoire choisie par les assurés ne leur est point contestée; mais que jusqu'au jour où ils veulent l'exercer, *restant sociétaires*, ils doivent remplir les obligations inhérentes à cette qualité, et qui consistent à payer leurs primes d'assurances, dont l'ensemble constitue les ressources servant à payer les sinistres;

Attendu que le devoir des sociétaires d'acquitter leurs cotisations est toujours corrélatif à leur droit d'obtenir, en cas de sinistre, une indemnité dans la mesure des ressources sociales, droit que les défendeurs, si leurs bâtiments eussent été incendiés, n'auraient pas manqué d'exercer sans doute, aussi bien depuis le traité avec la Bienfaisante qu'auparavant; d'où la conséquence qu'avant comme avant, et jusqu'au jour où ils manifestent l'intention de sortir de la Société, ils doivent, en lui payant leurs primes, la mettre à même de payer ses sinistres, et faire ainsi pour autrui ce qu'ils eussent voulu qu'on eût fait pour eux-mêmes;

Attendu que la prétention des défendeurs de faire remonter au 18 juillet, date du traité avec la Bienfaisante, la résolution du contrat conduirait, si elle était admise, à affranchir tous les sociétaires non sinistrés de leurs obligations depuis cette époque, c'est-à-dire à les faire sortir de la mutualité pour n'y laisser que les seuls sinistrés, destitués dès lors de tout espoir d'indemnité par la retraite rétroactive de ceux mêmes sur le secours desquels ils ont dû compter, conséquence qui, à elle seule, suffirait pour faire apprécier le système des mutuellistes récalcitrants.

JUSTICE DE PAIX D'AUXERRE (Canton Est).

Jugement du 16 août 1850.

Considérant, qu'à la vérité tout traité par lequel la direction d'une Société d'assurances mutuelles permet aux sociétaires de se retirer et de passer à une autre compagnie, est une infraction à ce qui constitue l'essence même du contrat d'assurance mutuelle ;

Que, dès lors, il en résulte bien le droit, pour chaque associé, de se retirer d'une Société qui a manqué elle-même à ses engagements ;

Mais que ceux qui veulent se retirer sont dans l'obligation de le déclarer et de le faire connaître d'une manière positive et authentique ;

Qu'ils ne peuvent, par leur silence, se mettre dans la position de profiter, le cas échéant, des avantages de l'association qui subsiste encore, quoique dénaturée, en se réservant le moyen de ne point participer à ses charges ;

Que la Société dite Mutualité dijonnaise ayant, le 18 juillet 1846, cédé une partie de ses associés à la Société à primes dite la Bienfaisante, M. Ingé aurait pu s'affranchir, pour l'avenir, des obligations qu'il avait contractées vis-à-vis de la première de ces Sociétés, soit en notifiant son intention, pour ce qui le concernait, au directeur de la Mutualité en la personne de son agent local, soit en provoquant la dissolution de cette Société, conformément aux articles 1184 et 1871 du Code civil.

Mais que c'est à tort qu'il prétend que la Société était dissoute de plein droit par le traité du 18 juillet 1846.

JUSTICE DE PAIX DE SAINT-GERMAIN-DU-PLAIN.

Jugement du 28 octobre 1847.

Nous, juge de paix, vidant notre délibéré,

Considérant que les moyens d'incompétence sont motivés sur ce que la Mutuelle dijonnaise serait dissoute par le fait d'une grande partie des associés assurés à cette même Société, qui s'en seraient retirés ;

Mais attendu qu'à supposer que la Société mutuelle dijonnaise soit en liquidation et n'offre plus les garanties suffisantes en cas de sinistres, ces motifs ne peuvent soustraire le défendeur à acquitter ce qu'il doit pour la prime d'assurance ; d'où il suit qu'il n'y a pas lieu d'accueillir les moyens d'incompétence proposés ; en conséquence, en nous déclarant compétent, retenons la cause :

Et statuant au fond ;

Attendu, en droit, que la condition résolutoire, toujours sous-entendue dans les contrats synallagmatiques pour le cas où l'une des parties ne satisfera pas à ses engagements, ne produit pas ses effets de plein droit ; que la partie envers laquelle l'engagement n'est pas exécuté, a le choix ou de forcer l'autre à l'exécution de la convention lorsqu'elle est possible, ou de demander la résolution avec dommages-intérêts (article 1184 du Code civil);

Attendu qu'il est notoire qu'un grand nombre de sociétaires, en quittant l'Assurance mutuelle pour passer à d'autres assurances, et notamment à la Bienfaisante, ont réellement cessé de remplir leurs engagements envers leurs coassurés, mais qu'à raison de leur grand nombre disséminés dans les différentes localités des six départements exploités par la Société mutuelle, il est, pour ainsi dire, impossible de les contraindre à l'exécution de leurs engagements avec leurs coassurés ; ce qui fait qu'il ne reste aux autres sociétaires que l'action résolutoire qui ne leur est pas contestée, moyennant qu'ils remplissent leurs engagements, et notamment le paiement de leurs cotisations jusqu'au moment où ils manifesteront leur intention de faire résoudre leur contrat ;

Attendu que, quel que soit l'état de situation de la Société mutuelle dijonnaise, chaque sociétaire a l'option, ou de rester dans la Société, ou de demander la résolution de ses engagements, en payant ce qu'il doit jusqu'au jour où il manifeste l'intention de prendre ce dernier parti ;

Attendu que, s'il est certain que le traité conclu le 18 juillet 1846 entre la Société mutuelle et la Bienfaisante ait, en déchirant le contrat primitif, donné à chacun le droit de se retirer de la Société, le défendeur doit s'imputer la faute de ne l'avoir pas fait plus tôt, puisqu'il est constant que le traité dont il vient d'être parlé a été inséré et rapporté, non-seulement dans les journaux, mais dans un grand nombre de circulaires adressées pour ainsi dire à tous les assurés de la Mutualité dijonnaise ;

Et que, malgré ce, le défendeur n'a fait aucune déclaration à l'agent de l'administration de ladite Société, ayant pour but de faire connaître qu'il entendait se retirer, si ce n'est au moment où une action judiciaire a été intentée contre lui en paiement de ses cotisations échues, c'est-à-dire le 14 du présent mois d'octobre ;

Attendu que le sieur Marle-Droux, ayant contracté avec la Société mutuelle pour l'assurance de ses bâtiments en valeur de deux mille cinq cents francs, et ayant donné son adhésion aux statuts de ladite Société, il est débiteur des cotisations et portions contributives jusqu'audit jour 14 octobre ;

Attendu que les offres du défendeur étant insuffisantes, c'est le cas de le condamner aux dépens.

TRIBUNAL CIVIL DE PONTARLIER.

Jugement du 21 août 1847.

Attendu que les conventions intervenues entre les Sociétés dites la Mutuelle dijonnaise et la Bienfaisante, ainsi que les changements apportés aux statuts primitifs de la première de ces deux Sociétés, ont pu autoriser les assurés à celle-ci à demander de ne plus en faire partie. Mais, attendu que la résolution du contrat qui les oblige envers elle n'a pas lieu de plein droit, qu'elle doit être demandée pour produire son effet ; qu'autrement, la position des parties n'aurait rien eu de fixe, et que les assurés auraient pu, en cas de sinistre, se présenter encore comme assurés, y exercer un recours en indemnité, et, dans le cas contraire, prétendre que tout engagement de leur part a été rompu, et se refuser au paiement de leurs portions contributives ; condamne, etc.

N° 11.

TABLEAU

DES AUGMENTATIONS ET DES DIMINUTIONS

SURVENUES

DANS LA MASSE D'ASSURANCES DE LA MUTUALITÉ DIJONNAISE, de 1845 à 1847 inclusivement.

	1re cl. Ville.	1re classe.	2e classe.	3e classe.	4e classe.	Total.
Assurances au 1er janvier 1845.	54,980,100	104,191,500	64,474,000	47,190,200	12,229,400	283,066,200
Augmentations en 1845. . . .	2,182,300	4,059,100	2,543,100	0,477,500	110,700	9,372,700
Total.	57,162,400	108,250,600	67,017,100	47,667,700	12,340,100	292,437,900
Diminutions en 1845.	3,179,200	4,713,010	3,620,800	3,970,400	1,241,600	16,730,000
Reste au 1er janvier 1846. . . .	53,983,200	103,532,600	63,396,300	43,697,300	11,098,500	275,707,900
Augmentations en 1846. . . .	1,821,200	3,029,700	2,018,600	660,500	134,500	7,664,500
Total.	55,804,400	106,562,300	65,414,900	44,357,800	11,233,000	283,372,400
Diminutions en 1846.	8,194,700	12,435,200	8,662,700	4,579,600	926,600	34,798,800
Reste au 1er janvier 1847. . .	47,609,700	94,127,100	56,752,200	39,778,200	10,306,400	248,573,600

Nota. Ce tableau a été dressé pour démontrer quel a été l'effet du traité avec la Bienfaisante, conclu le 18 juillet 1846. Les diminutions éprouvées par la masse assurée n'ont été en tout que de 27,134,300, de 1846 à 1847, et toutes les sorties ne sont point la conséquence de ce traité.

N° 12.

RETRAIT DE L'ORDONNANCE D'AUTORISATION.

[18] *Ordonnance du roi, du 9 février 1848.*

Louis-Philippe, roi des Français, à tous, présents et à venir, salut.

Sur le rapport de notre Ministre secrétaire d'Etat au département de l'agriculture et du commerce ;

Vu l'ordonnance royale du 1er septembre 1824, portant autorisation de la Société d'Assurances Mutuelles immobilières contre l'incendie, formée à Dijon, et approuvant les Statuts destinés à la règir ;

Vu les ordonnances royales des 16 septembre 1827, 24 juin 1828 et 16 septembre 1829, qui ont approuvé diverses modifications aux Statuts ;

Vu l'article 3 de l'ordonnance du 1er septembre 1824, contenant réserve de révoquer l'autorisation, sans préjudice du droit des tiers, en cas de violation ou de non-exécution de ces Statuts ;

Vu les divers changements introduits dans les Statuts de la Société par les délibérations du Conseil d'administration et du Conseil général, en date des 18 décembre 1829, 25 mars, 12 juillet et 17 décembre 1831, 7 et 13 juin 1835, 19 et 20 février 1838, 21 et 22 juin 1839, 21 août et 8 septembre 1840, 27 février et 14 mars 1841, 28 février, 19 mars et 24 août 1845 ; changements qui, n'ayant pas été approuvés par le Gouvernement, constituent, ainsi que les actes qui en ont été la suite, des infractions aux Statuts précités ;

Notre Conseil d'Etat entendu,

Nous avons ordonné et ordonnons ce qui suit : -

ARTICLE 1er. L'autorisation accordée, par ordonnance royale du 1er septembre 1824, à la Société d'assurances Mutuelles immobilières contre l'incendie, formée à Dijon, est révoquée.

ART. 2. La présente révocation est prononcée sans préjudice des droits des tiers.

ART. 3. Notre Ministre secrétaire d'Etat au département de l'agriculture et du commerce est chargé de l'exécution de la présente ordonnance, qui sera publiée au *Bulletin des Lois* et insérée au *Moniteur.*

Fait au palais des Tuileries, le 19 février 1848.   LOUIS-PHILIPPE.

Par le Roi :

Le Ministre secrétaire d'Etat au département de l'agriculture et du commerce,

L. CUNIN-GRIDAINE.

[19] EXTRAIT du *traité conclu avec la compagnie à primes, la Bienfaisante, accepté par délibération du Conseil d'administration du 30 juin 1846, approuvé par le Conseil général en sa séance du 18 juillet 1846.*

Tout sociétaire aura le droit de rompre son contrat avec la Mutuelle, sous la condition exclusive de passer à la compagnie la Bienfaisante si celle-ci y consent.

Ceux qui ne le voudront pas ou ne le pourront pas, continueront à demeurer sociétaires mutuels jusqu'à la liquidation de la Société.

N° 13.

PRESCRIPTION QUINQUENNALE NON APPLICABLE EN MUTUALITÉ.

[20] *Arrêt de la Cour de cassation du 8 février 1843.*

En matière d'assurances mutuelles, la part contributive de chaque assuré dans la réparation des sinistres (laquelle part est essentiellement éventuelle), ne constitue pas une charge fixe payable annuellement ou à des termes périodiques plus courts. Dès lors la prescription de 5 ans, établie par l'article 2277 du Code civil, n'est pas applicable à cette espèce de créance.

Ainsi jugé sur le pourvoi dirigé contre l'arrêt de la cour de Metz, du 10 juillet 1839. (Journal du Palais, t. 1, de 1843, p. 297.)

La cour :

Vu l'article 2277 du Code civil ;

Attendu qu'en matière d'assurance mutuelle la part contributive de chaque assuré, pour la réparation des sinistres, est essentiellement variable et éventuelle, et ne constitue pas une charge fixe payable annuellement ou à des termes périodiques plus courts ;

Que la qualification d'arrérages énoncée dans la demande n'en change pas la nature, et que ce n'en est pas moins une créance non déterminée d'avance par la loi ou la convention, puisqu'elle dépend du nombre et de l'étendue des sinistres, ainsi que du nombre et de l'importance des propriétés assurées ; qu'elle ne rentre donc pas dans le cas prévu par l'article 2277 du Code civil.

CONSULTATION DONNÉE PAR M. DELACHÈRE.

Le conseil, soussigné,

Consulté sur la question de savoir si la prescription peut-être opposée par les sociétaires de l'assurance Mutuelle, contre l'incendie, pour la cotisation de l'année 1845,

Est d'avis de la résolution suivante :

Pour décider cette question, il faut d'abord bien se pénétrer de la nature même de la créance réclamée par la liquidation de la Société.

Dans une assurance Mutuelle, comme celle qu'il s'agit de liquider aujourd'hui, chacun des sociétaires est, tout à la fois, *assureur* et *assuré* ; c'est en cette double qualité qu'il fait partie de la Société. On comprend, en effet, que chacun des sociétaires est *assuré*, en ce sens qu'il doit recevoir, en cas de sinistre, l'indemnité de la perte par lui éprouvée jusqu'à concurrence des ressources de l'exercice auquel il appartient, et qu'il est *assureur*, en ce que la somme qu'il paie ou qu'il doit payer est destinée à l'indemnité due à ceux qui ont éprouvé des sinistres.

Il résulte de là que ces deux qualités sont corrélatives et inséparables, et qu'elles entraînent des obligations nécessaires, absolues, et qui ne peuvent être divisées.

Si, en effet, un ou plusieurs sociétaires ne paient pas leurs cotisations, il en résulte immédiatement qu'ils ne remplissent pas leur obligation comme *assureurs*, puisque ne payant pas, il y a impossibilité de payer l'indemnité due aux sinistrés, et qu'en conséquence il n'y a plus d'assurance.

Il est donc évident que l'obligation de l'*assuré* est concommittante à celle de l'*assureur*, qu'elle est liée de la manière la plus intime et la plus indivisible à celle-ci, et que l'une et l'autre sont inséparables ; en sorte que l'une ne peut-être anéantie, sans que l'autre le soit également ; que l'une subsiste, sans que l'autre subsiste ; en un mot, qu'il faut que toutes les deux soient éteintes à la fois et que la prescription puisse les atteindre l'une et l'autre.

Ceci posé, et cela est incontestable, quelle est donc la prescription qui est opposée ? C'est celle de l'article 2277 du Code civil.

Il porte : les arrérages des rentes perpétuelles et viagères, ceux des pensions alimentaires, les loyers de maisons et le prix de ferme des biens ruraux, les intérêts des sommes prêtées, et généralement *tout ce qui est payable par année* où à des termes périodiques plus courts, se prescrivent par 5 ans.

Or, dit-on sans doute, la portion contributive de chaque associé, à la compagnie Mutuelle, doit se payer par année, donc 5 ans après ils sont prescrits ; donc on ne peut réclamer ce qui était payable en l'année 1845.

Eh bien ! ce raisonnement est faux de tous points ; d'abord il ne pourrait s'appliquer à la portion contributive de 1845, et pourquoi ? parce qu'il faudrait qu'il se fut écoulé 5 ans révolus *avant la demande* pour que la prescription fut accomplie.

Or, la portion contributive de 1845, que fort à tort on appelle une prime, n'était payable, aux termes des statuts, que dans le cours de 1845, c'est-à-dire jusqu'au dernier jour de cette année ; la prescription n'a donc pu commencer à courir que le premier jour de 1846, et, au moment actuel, en 1850 ; il ne s'est pas écoulé 5 années, et conséquemment la prescription n'est pas accomplie' puisque déjà depuis longtemps la demande est formée et la justice saisie.

Mais il n'y a pas même besoin de se livrer à ce calcul ; la Société est uniquement fondée sur le principe de la Mutualité ; elle engendre des obligations réciproques, inséparables, indivisibles, qui se lient d'une manière si intime qu'elles doivent subsister jusqu'à la liquidation.

Qu'est-ce que la portion contributive que chaque associé doit verser dans la Société ? C'est *son apport social*, c'est la somme nécessaire, indispensable, pour payer jusqu'à due concurrence, par chaque exercice, à chaque associé incendié l'indemnité qui lui est due.

Or, tant que l'associé incendié n'a pas reçu son indemnité jusqu'à concurrence des ressources de l'exercice auquel il appartient, il est créancier de la Société, et conséquemment de chacun des membres qui la composent ; et, comme son action n'est pas prescriptible par 5 ans, comme il a le droit de l'exercer jusqu'à ce que la liquidation soit terminée, il s'en suit qu'il ne peut y avoir prescription pour ce qu'il peut devoir lui-même pour sa portion contributive.

Et s'il ne peut prescrire à raison de sa qualité d'*assuré*, comment pourrait-il prescrire à raison de sa qualité d'*assureur ?*

C'est donc par une étrange confusion d'idées que l'on a mis en avant cette question de prescription qui est incompatible avec la nature même de la Mutualité ; nous n'hésitons donc point à dire qu'elle sera infailliblement rejetée par les raisons ci-dessus.

Délibéré à Dijon, le 8 mai 1850.

Signé : DELACHÈRE.

N° 14.

AUGMENTATION DES TARIFS.

[21] *Arrêt de la Cour d'appel de Dijon du 30 mars 1847.*

4ᵉ question : Considérant qu'en faisant offre de la somme de 435 fr. pour sa contribution personnelle aux charges de la Société pendant les années 1845 et 1846, le marquis de Montmort s'est basé sur les stipulations primitives des polices qui lui ont été delivrées, tandis que depuis, le conseil d'administration a jugé convenable de faire subir à certaines classes des risques des augmentations auxquelles il peut d'autant moins se soustraire, que ce conseil n'a point, en agissant de la sorte, excédé les limites de ses pouvoirs.

[22] *Extrait du registre des délibérations du conseil d'administration.*

SÉANCE DU 28 FÉVRIER 1845.

Cejourd'hui 28 février 1845, le conseil d'administration, convoqué par le directeur, s'est réuni à la direction, rue Jehannin, n° 2, à Dijon, dans la salle ordinaire de ses séances, à six heures et demie du soir.

Etaient présents les vingt membres du conseil d'administration et du comité des sociétaires, dont les noms suivent :

MM. Saverot, président à la cour royale et président du conseil d'administration ; le marquis de Saint-Seine, vice-président du conseil ; Peignot, avocat ; Delachère, id. ; Lorin, conseiller à la cour royale ; Guillemot, id. ; Morelot, doyen de la faculté de droit ; Versillé, juge au tribunal de première instance ; de Cléry, doyen du conseil municipal ; Borne, ancien notaire ; Locquin, propriétaire ; de Laloge, id. ; Hubert-Jartier, id. ; Gaulin, id. ; Chanut, id. ; Douillier, imprimeur ; Petitjean de Marcilly, receveur des hospices ; Masson-Naigeon, juge au tribunal de commerce.

Comité des sociétaires : MM. Fénéon, architecte ; de Champy, propriétaire.

La séance ayant été déclarée ouverte par M. le président, la commission, nommée par le conseil d'administration dans sa séance du 26 décembre 1844, présente le résultat de son travail par M. de Saint-Seine, son rapporteur.

M. de Saint-Seine expose que toutes les questions soumises à la commission ont été l'objet d'un long examen, plusieurs fois renouvelé, et il entre dans tous les détails nécessaires pour bien faire apprécier à l'assemblée les motifs de l'opinion qu'il est chargé de lui soumettre sur chacune de ces questions.

Le conseil, *après une discussion approfondie sur chacune d'elles, prend les décisions* suivantes :

Fixation de nouveaux tarifs.

Le conseil d'administration,

Considérant que l'expérience de 20 années a démontré que les maximums affectés aux différentes classes de risques des constructions ne sont pas en harmonie avec les charges que ces classes apportent à la Société ; qu'il résulte notamment des calculs faits sur les opérations des cinq dernières années, que le but que les conseils de la Société s'étaient proposé, en modifiant à plusieurs reprises les tarifs, n'est point encore atteint, mais que ces calculs ont fait connaître, d'une manière qu'on a lieu de croire satisfaisante, la proportion exacte à établir entre les différentes classes ;

Considérant que la révélation des maximums de certaines classes est une mesure d'une nécessité reconnue, sans laquelle l'existence et l'avenir de la Société seraient gravement compromis ; que, dès lors, il appartient aux conseils d'y pourvoir ; que ce droit dérive incontestablement de l'article 107 des statuts ;

Considérant, d'ailleurs, que déjà, à plusieurs reprises, il a été fait des changements analogues ;

Considérant que la Société dijonnaise, *outre ses charges annuelles, doit se préoccuper de l'arriéré, du aux incendies de 1839, 1840 et 1842,* de manière que la solidarité des exercices ne soit plus une fiction ;

Ouï le comité des sociétaires dans ses observations ;

Après en avoir délibéré ;

Arrête :

Art. 1er. Les maximums pour chacune des classes de bâtiments assurés à la Société sont fixés ainsi qu'il suit, par année, et par 1,000 fr. d'assurances.

Classe des villes : 0 fr. 40 c.; — première classe : 0 fr. 75 c.; — deuxième classe : 1 fr. 55 c.; — troisième classe : 4 fr. 50 c.; — quatrième classe : 6 fr.

Art. 2. Ces maximums, ainsi fixés, comprennent le fonds de pompe et les frais d'administration.

Art. 3. Ils seront perçus, en 1845, sur la portion contributive 1844.

Art. 4. Le présent arrêté sera soumis à l'approbation du conseil général.

(*Suivent les signatures.*)

CONSEIL GÉNÉRAL.—SÉANCE DU 9 MARS 1845.

Augmentation des maximums, à partir de 1845, modifiant l'article 19 des statuts.

Cejourd'hui 9 mars 1845, le conseil général, convoqué par le directeur, en exécution de l'article 83 des statuts, s'est réuni à l'hôtel de la direction, rue Jehannin, n° 2, à midi précis, en la salle ordinaire de ses séances.

D'après l'article 65 des statuts, le conseil général se compose de 90 membres : un tiers de ce nombre est nécessaire pour délibérer.

Les membres présents à la séance sont au nombre de 53.

L'assemblée choisit, à l'unanimité, dans son sein, pour former son bureau, M. le marquis de Courtivron, pour président ; M. Vionnois, notaire, pour vice-président ; M. Moreau, avoué, et M. Moreau, ancien juge de paix, pour secrétaires, tous demeurant à Dijon.

La séance ayant été déclarée ouverte par le président, le conseil général décide que le bureau sera seul chargé de la rédaction et de la signature du procès-verbal, ce pourquoi il lui délègue ses pleins pouvoirs, en adhérant d'avance à ladite rédaction.

Les membres présents, soit titulaires, soit suppléants, sont les suivants (ici figurent les noms des 53 membres présents).

Un long exposé est présenté par le directeur, relativement aux motifs exigeant un nouveau remaniement des tarifs des cotisations des différentes classes de risques, après quoi un débat s'engage sur la question, et les décisions suivantes sont adoptées :

Le conseil général, s'occupant de la question de *légalité*, déclare, à l'unanimité, que la mesure est entièrement d'accord avec l'esprit et la lettre de l'article 107 des statuts, qui donne évidemment au conseil d'administration et au conseil général le droit d'imposer à tous les assurés, sans exception, les changements et modifications jugés nécessaires dans l'intérêt de la Société, et ce, sans attendre l'expiration des contrats en cours ; car, si l'on pouvait prétendre que ces contrats ne sauraient être modifiés pendant leur durée, l'article 107 serait, dans les statuts, une véritable superfétation.

Quant à la question d'*opportunité*, l'assemblée est encore unanimement d'avis qu'elle ne saurait être contestée, attendu qu'il s'agit d'arriver à faire enfin de la Mutualité dijonnaise un établissement présentant au public les garanties les plus larges, les plus infaillibles et les plus incontestables ; de parvenir à éteindre l'arriéré et à fonder ensuite la réserve autorisée par ordonnance royale.

En conséquence, l'assemblée prend la résolution suivante :

Le conseil général, réuni et constitué légalement, en exécution des articles 65, 66 et 68 des statuts, et siégeant au nombre de 53 membres, à l'hôtel de la direction, en la salle ordinaire de ses séances, rue Jehannin, n° 2, à Dijon ;

Après avoir examiné et discuté avec attention la question du changement des tarifs des différentes classes de risques de la Société, la légalité et l'opportunité de la mesure, sanctionne, à l'unanimité, moins une voix, la délibération prise par le conseil d'administration, après un long travail et une sérieuse discussion :

[24]   *Extrait du jugement du tribunal civil de Pontarlier, du 21 août 1849.*

Attendu que l'appelant a, jusqu'en 1845, payé ses primes telles qu'elles ont été fixées, et avec toutes les augmentations qu'elles ont subies, malgré l'illégalité de ces augmentations ; qu'il a, par conséquent, approuvé ce qui a été fait et consenti à rester assuré, avec l'inconvénient de payer une somme plus forte que celle à laquelle il devait s'attendre, mais avec la chance d'avoir, en cas de malheur, une indemnité proportionnelle.

JUSTICE DE PAIX CANTON EST D'AUXERRE.

Jugement du 16 août 1850.

Qu'il n'est pas plus fondé dans ses conclusions subsidiaires tendant à réduire ses obligations au maximum fixé par les tarifs primitifs, attendu que l'article 107 des statuts autorisait des modifications sous les conditions exprimées audit article, et que les conditions ont été remplies lors de la délibération du 28 février 1845, qui a modifié les tarifs.

[25]   CONSULTATION DU BARREAU DE PONTARLIER.

Les avocats soussignés consultés par la société Mutuelle établie à Dijon, sur la question de savoir si, en vertu de l'art. 107 des statuts, les conseils de la société avaient les pouvoirs suffisants pour prendre les délibérations des 28 février et 19 mars 1845, et s'ils n'avaient pas excédé les pouvoirs à eux accordés par ledit art. 107 ;

Si une nouvelle ordonnance royale était nécessaire pour pouvoir mettre à exécution lesdites délibérations ;

Vu les statuts de la Société d'assurance mutuelle contre l'incendie et l'ordonnance royale qui les approuve, les délibérations prises par les conseils les 28 février et 9 mars 1845,

Estiment à l'unanimité que les conseils de la Société ont agi dans les limites des pouvoirs qui leur étaient déférés par les statuts ; que les délibérations qu'ils ont prises sont obligatoires pour tous les assurés, et que les tribunaux doivent en consacrer les dispositions, sans qu'il soit besoin de recourir à une nouvelle ordonnance royale.

Dans toute société mutuelle, le but de cette sorte d'*association* est de se garantir réciproquement les préjudices ressentis par suite d'événements dommageables incertains, mais prévus. De là, il résulte que les parts contributives destinées à couvrir les pertes sont essentiellement variables.

Dans les sociétés non mutuelles, quoique formées dans le même but, c'est naturellement tout le contraire.

Celles-ci peuvent bénéficier, et les compagnies font des actes de commerce ; celles-là ne peuvent jamais bénéficier, et les obligations qui en dérivent sont purement civiles : les unes offrent des primes fixes, invariables dans le contrat ; les autres des parts aléatoires sujettes à changements ; — c'est ce qu'ont bien compris les fondateurs de la société Dijonnaise : après avoir, il est vrai, fixé un *maximum* dans l'art. 19, *maximum* que les calculs faits à cette époque faisaient juger suffisants pour atteindre le but de l'institution, ils ont inséré dans l'art. 107 une disposition qui en appelle à l'avenir et à l'expérience, et qui donne aux conseils le droit d'apporter des changements dans les statuts.

La nécessité de ces modifications ayant été reconnue par les conseils, mandataires de tous leurs représentants, c'est avec droit que de nouvelles mesures ont été prises. — La légalité des délibérations dont il s'agit est donc inattaquable.

Pour pouvoir les exécuter, doivent-elles être revêtues de l'approbation royale ? Evidemment non ; la prétention contraire ne nous paraît ni juste, ni praticable. — En effet, l'art. 37 du Code de commerce veut à la vérité l'autorisation du roi et son approbation à l'acte qui constitue la société anonyme, pour que celle-ci ait une existence légale ; c'est là une précaution utile pour prévenir la fraude, pour s'assurer que la société annoncée n'est pas un vain *prospectus*, et qu'elle a des moyens d'organisation et d'administration qui garantissent les intérêts des bailleurs de fonds, des actionnaires : mais une fois que cette société a ainsi reçu son *exécution*, elle se meut dans sa sphère d'action, s'administre de la manière prévue et approuvée, et n'a plus besoin, pour donner de la force à ses actes, de recourir à la sanction du gouvernement ; l'exiger ainsi, ce serait vouloir la mort de toute société anonyme : on sait quelle lenteur entraîne toute demande d'approbation de ce genre ; souvent la société serait en grave péril, si les mesures qu'elle prend dans son intérêt n'étaient pas exécutables, avant la réception de cette autorisation du pouvoir exécutif.

En fait, la nécessité de cette autorisation est absurde ; en droit, nulle part elle n'est écrite. — Il y a plus, l'ordonnance du 1er septembre 1824, en approuvant les statuts dans lesquels se trouve l'art. 107, a implicitement approuvé les délibérations qui seraient prises en exécution de ces dispositions ; seulement, pour plus de garantie des intérêts engagés, le roi se réserve de révoquer son autorisation en cas de violation ou de non exécution des statuts. — Au gouvernement seul appartient le droit de dissoudre la société, et tant qu'il n'aura pas usé de cette faculté, elle existe avec ses droits et sa constitution. — C'est ainsi que toujours la question a été entendue ; on peut voir, à la suite des statuts imprimés, la relation d'un grand nombre de délibérations analogues à celles dont on se plaint aujourd'hui, lesquelles, toutes, ont reçu leur exécution sans nouvelle autorisation royale ; deux fois seulement la société Dijonnaise a dû s'adresser au gouvernement : la première, il s'agissait d'adjoindre à la société ancienne immobilière, une société mobilière ; la seconde, il s'agissait d'étendre la circonscription. — Dans ces deux circonstances, l'autorisation royale était indispensable, puisqu'il s'agissait de créer une société, de lui donner une existence, comme dit l'art. 37 du Code de commerce ; mais, on le répète, une fois cette existence acquise par l'obtention de l'autorisation, il n'est plus besoin de celle-ci pour les actes ultérieurs.

Loin qu'aucun texte de loi y oblige, il y a, dans la disposition de l'ordonnance qui approuve les règlements, une approbation implicite des délibérations ayant pour effet d'apporter les modifications que l'expérience et l'intérêt des assurés ont rendues nécessaires.

[26]   ARRÊT DE LA COUR D'APPEL DE BESANÇON.

2 mai 1849.

(Affaire de la Mutualité contre les frères Bideau, d'Orchamps.)

Attendu que nonobstant l'article 19 des statuts de la Société d'assurances mutuelles, et en vertu de l'article 107 de ces mêmes statuts, le taux des primes a pu être élevé par le conseil d'administration et le conseil général de la Société mutuelle de Dijon; que les assurés, en les payant sans réclamation, ont reconnu tacitement la légalité de ces délibérations qui les assujettissaient aux augmentations de primes; que ce n'est qu'à dater du jour où ils s'y sont refusés qu'ils ont pu en être déchargés et n'être tenus à payer que conformément à l'article 19 de ces statuts; que jusqu'au 21 mai 1847 les intimés n'ont pas réclamé valablement contre cette augmentation de primes; qu'ils ont payé le montant de leur cotisation annuelle pendant plusieurs années, conformément aux délibérations du conseil général de la Société mutuelle; qu'il y a lieu dès lors de réformer le jugement quant à ce, et de condamner les intimés à payer les primes totales jusqu'au 21 mai 1847.

N° 15.

SOLIDARITÉ DES EXERCICES ET CRÉATION D'UNE RÉSERVE.

[27] *Délibération du conseil d'administration relative aux bonis.—Séance du 9 janvier 1826.*

Ce jourd'hui 9 janvier 1826, le conseil d'administration, etc.

Considérant que le moyen le plus sûr d'engager les propriétaires à entrer dans l'association, est de leur donner pleine sécurité sur le paiement des dommages;

Vu l'article 107 des statuts, qui autorise le conseil d'administration à faire les modifications et changements qu'il jugera être à l'avantage de la Société, sous l'approbation du conseil général, après avoir entendu le comité des sociétaires, lequel n'est pas encore nommé;

Arrête :

Article 1er. Dans le cas où les sinistres d'un exercice viendraient à dépasser les ressources, les bonis des années suivantes sont appliqués à les couvrir, chaque exercice devant acquitter les charges qui lui sont propres, préalablement à toutes affectations d'une partie de ses ressources à un exercice antérieur;

Art. 2. Le présent arrêté sera soumis à l'approbation du conseil général lors de sa première réunion, après que le comité des sociétaires aura été entendu, ce qui sera fait aussitôt que le conseil général sera nommé.

Signé au registre : F. L. C. Courtivron, Belot, E. L. Saverot, Ch. Bouault, Bon Bretenière, Barbier de Reulle, et Drevon Dunoyer.

[28] DÉLIBÉRATION DU CONSEIL GÉNÉRAL, RELATIVE AUX BONIS, APPROUVANT LA DÉLIBÉRATION DU CONSEIL D'ADMINISTRATION, DU 9 JANVIER 1826.

18 janvier 1827.

M. Dugied rend compte des efforts faits par les agents des compagnies à primes, pour entraver le développement de la Société, et dit qu'un de leurs moyens est de présenter l'indemnité comme pouvant être incomplète; il pense que l'on pourrait enlever cet argument aux adversaires de la Mutualité, en décidant, ainsi qu'un grand nombre de propriétaires en ont témoigné le désir, que les exercices seront à l'avenir solidaires;

chose possible pour l'assurance contre l'incendie, et inadmissible pour celle contre la grêle, à cause de la fréquence et de la gravité des sinistres que cause ce dernier fléau.

Le conseil, après avoir délibéré,

Considérant que les sinistres d'incendie sont rares, que les maximums fixés par l'article 19 des statuts ne sont pas élevés, mais qu'ils suffiront d'autant plus que la Société sera plus nombreuse, puisque, d'après un travail fait par le directeur, sur la valeur des propriétés bâties des 4 départements, et le relevé des dommages qu'ils ont essuyés les 6 dernières années, les ressources excéderaient trois ou quatre fois les pertes annuelles, si toutes les propriétés étaient assurées ;

Considérant que le meilleur moyen d'engager les propriétaires à entrer dans l'association, est de leur donner pleine sécurité sur le paiement des dommages ;

Vu l'article 107 des statuts, qui autorise le conseil d'administration à faire les modifications et changements qu'il jugera être à l'avantage de la Société, sous l'approbation du conseil général, après avoir entendu le comité des sociétaires, lequel n'est pas encore nommé ;

Arrête :

Article 1er. Dans le cas où les sinistres d'une année viendraient à dépasser les ressources, les bonis des années suivantes seront appliqués à les couvrir, chaque exercice devant acquitter les charges qui lui sont propres, préalablement à toutes affectations d'une partie de ses ressources à un exercice antérieur ;

Art. 2. Le présent arrêté sera soumis à l'approbation du conseil général lors de sa première réunion, et que le comité des sociétaires aura été entendu, ce qui sera fait aussitôt que le Conseil général l'aura nommé,

Signé : Bon de Bretenière, T. L. C. Courtivron, Belost, E. L. Saverot, Barbier de Reulle, et G. F. Bouault.

Le président ouvre la discussion ; des éclaircissements sont donnés par le directeur ; il explique qu'aussi longtemps que les années seront heureuses, les bonis qu'elles présenteront seront acquis aux sociétaires ; que ce ne sera qu'après une année où les dommages auraient passé les ressources, que les bonis des années suivantes seront appelés à compléter les indemnités, mais seulement après paiement intégral des charges de ces années ; et le conseil général, après en avoir délibéré, approuve la délibération du conseil d'administration du 9 janvier 1826, à la presqu'unanimité.

[29] DÉLIBÉRATION DU CONSEIL D'ADMINISTRATION RELATIVE À LA CRÉATION D'UNE RÉSERVE.

Séance du 9 février 1828.

Ce jourd'hui 9 février 1828, le conseil d'administration convoqué, etc.

Le conseil, après avoir mûrement examiné la question et discuté la proposition faite en conseil général le 18 janvier 1827, de faire une réserve et d'y mettre chaque année le tiers des bonis, proposition que le conseil général a chargé le directeur de soumettre à sa discussion ;

Considérant que la création d'une réserve ne peut qu'ajouter à la sécurité des sociétaires, mais qu'en même temps il ne paraît pas nécessaire d'y mettre chaque année une quotité déterminée des économies qu'ils peuvent obtenir sur les maximums affectés à chaque classe par l'article 19 des statuts, d'autant que depuis trois années que la Société est en activité, loin d'avoir été dans le cas de lever ces maximums en entier moins des trois quarts a suffi, en 1825, pour couvrir ses charges, et moins de moitié en 1826 et 1827;

Vu l'article 20 des statuts relatif au fonds de prévoyance, et l'article 107 qui donne au conseil d'administration le pouvoir de faire les changements et modifications que l'expérience démontrerait devoir être introduits dans les statuts pour l'avantage de la Société ;

Après avoir entendu le directeur et le comité des sociétaires ;

Arrête :

Article 1er. Il sera formé une réserve, et cette réserve sera placée de manière à rapporter intérêt au profit de la Société ; le directeur fera ce placement sous l'approbation du conseil ;

9

Art. 2. Les bonis qui seront obtenus sur le fonds de prévoyance seront mis dans la réserve ;

Art. 3. Il ne sera touché à la réserve que dans le cas où le maximum des portions contributives d'une année serait insuffisant pour en couvrir les charges, et elle devra être épuisée avant qu'il soit fait application de la décision du 9 janvier 1826, qui a prononcé la solidarité des exercices ;

Art. 4. Tout sociétaire sortant à quelque titre que ce soit, n'a rien à réclamer dans la réserve ; ce qu'il y a laissé profite à la Société ;

Art. 5. Il sera rendu compte chaque année, par le directeur, de la situation de la réserve, en même temps qu'il rendra ses comptes d'exercice ;

Art. 6. Le présent arrêté sera soumis, par le directeur, à l'approbation du conseil général de la Société.

Signé au registre : Delachère, Belot, E. L. Saverot, Barbier de Reulle, Bon de Bretenière, F. M. Dubard, H. Jolivot, et Guyard de Bâlon. (Approbation du conseil général, du 11 février 1828.)

[30] DÉLIBÉRATION DU CONSEIL GÉNÉRAL APPROUVANT CELLE DU CONSEIL D'ADMINISTRATION, RELATIVE À LA CRÉATION D'UNE RÉSERVE.

Séance du 11 février 1828.

Une autre délibération, prise par le conseil d'administration, du 9 février courant, sur la proposition faite, l'année dernière, au conseil général, par l'un de ses membres, relativement à la création d'une réserve, est déposée en cet instant sur le bureau par le directeur, qui en développe les motifs et prie le conseil général de l'approuver ; le président la remet à M. Lataud, l'un des secrétaires, qui en donne lecture ; elle est conçue dans ces termes :

Le conseil, après avoir mûrement examiné la question et discuté la proposition faite au conseil général le 18 janvier 1827, de faire une réserve et d'y mettre, chaque année, le tiers des bonis, proposition que le conseil général a chargé le directeur de soumettre à sa discussion ;

Considérant que la création d'une réserve ne peut qu'ajouter à la sécurité des sociétaires, mais qu'en même temps il ne paraît pas nécessaire d'y mettre, chaque année, une quotité déterminée des économies qu'ils peuvent obtenir sur les maximums affectés à chaque classe par l'article 19 des statuts d'autant que depuis trois années que la Société est en activité, loin d'avoir été dans le cas de lever ces maximums en entier, moins des trois quarts a suffi en 1825 pour couvrir ses charges, et moins de moitié en 1826 et 1827 ;

Vu l'article 20 des statuts relatif au fonds de prévoyance, et l'article 107 qui donne au conseil d'administration le pouvoir de faire les changements et modifications que l'expérience démontrerait devoir être introduits dans les statuts pour l'avantage de la Société ;

Après avoir entendu le directeur et le comité des sociétaires,

Arrête :

Art. 1er. Il sera formé une réserve, et cette réserve sera placée de manière à rapporter intérêt au profit de la Société ; le directeur fera ce placement sous l'approbation du conseil.

Art. 2. Les bonis, qui seront obtenus sur le fonds de prévoyance, seront mis dans la réserve.

Art. 3. Il ne sera touché à la réserve que dans le cas où le maximum des portions contributives d'une année serait insuffisant pour en couvrir les charges, et elle devra être épuisée avant qu'il soit fait application de la décision du 9 janvier 1826, qui a prononcé la solidarité des exercices.

Art. 4. Tout sociétaire sortant, à quelque titre que ce soit, n'a rien à réclamer dans la réserve ; ce qu'il y a laissé profite à la Société.

Art. 5. Il sera rendu compte, chaque année, par le directeur, de la situation de la réserve, en même temps qu'il rendra ses comptes d'exercice.

Art. 6. Le présent arrêté sera soumis, par le directeur, à l'approbation du conseil général de la Société.

Fait à Dijon, le 9 février 1828.

Signé : Baron de Bretenière, président; Belost, E.-L. Saverot, Delachère, Guyard de Bâlon, Barbier de Ruelle, M. Dubard et B. Jolivot.

Cette lecture achevée, le président ouvre la discussion, et après en avoir délibéré, le conseil général l'approuve.

[34] ORDONNANCE DU ROI DU 24 JUIN 1828.

CHARLES, par la grâce de Dieu, roi de France et de Navarre,

Sur le rapport de notre ministre secrétaire d'État du commerce et des manufactures;

Vu l'ordonnance royale du 1er septembre 1824, portant autorisation de la Société d'assurances mutuelles contre l'incendie, formée à Dijon, et approbation de ses statuts;

Vu l'article 107 desdits statuts, réservant au conseil d'administration, sous l'approbation du conseil général, la faculté d'introduire dans l'acte constitutif les changements ou modifications dont l'expérience ferait reconnaître l'avantage;

Vu la délibération du conseil d'administration du 9 janvier 1826, approuvée par le conseil général le 18 janvier 1827;

Vu la délibération du conseil d'administration du 9 février 1828, approuvée par le conseil général le 11 du même mois;

Notre conseil d'État entendu;

Nous avons ordonné et ordonnons ce qui suit :

Art. 1er. Les délibérations prises par le conseil d'administration de la Société d'assurances mutuelles contre l'incendie, à Dijon, les 9 janvier 1826 et 9 février 1828, et qui ont obtenu l'assentiment du conseil général de ladite Société, les 18 janvier 1827 et 11 février 1828, sont approuvées sans préjudice du droit des tiers, et moyennant les réserves et modifications suivantes :

1° Les fonds versés à la caisse de réserve ne pourront, dans aucun cas, s'élever au-delà de un et demi pour mille de la valeur des immeubles assurés; l'excédant, s'il y en a, devra être employé à l'acquittement des sinistres.

Nonobstant ce qui est dit à l'article 4 de ladite délibération, il sera tenu compte aux sociétaires sortants de ce qui pourrait leur revenir sur les sommes par eux versées à la réserve.

A l'expiration de la Société, les fonds existants dans la caisse de réserve seront employés, avant aucun appel des parts contributives, au paiement des sinistres de l'année.

2° La solidarité des exercices, établie par la délibération du 9 janvier 1826, ne pourra, dans aucun cas, s'étendre, pour chaque année présentant un déficit, sur plus de trois années offrant des excédants de ressources.

La répartition de ces ressources entre les exercices qui pourraient y avoir droit, aura lieu dans la proportion et au marc le franc des déficits qu'ils auront laissés.

Art. 2. Les délibérations du 9 janvier 1826 et du 9 février 1828 resteront annexées en extrait à la présente ordonnance.

Art. 3. Notre ministre secrétaire d'État du commerce et des manufactures est chargé de l'exécution de la présente ordonnance, qui sera publiée au Bulletin des Lois et insérée dans le Moniteur, et dans un journal d'annonces judiciaires de chacun des départements de la circonscription de la Société d'assurances mutuelles contre l'incendie, à Dijon.

Donné en notre château de Saint-Cloud, le 24me jour de juin de l'an de grâce mil huit cent vingt-huit, et de notre règne le quatrième.

Signé : CHARLES.

Par le roi :

Le ministre secrétaire d'État du commerce et des manufactures, Signé : ST.-CRICQ.

Pour ampliation et par autorisation du ministre :

Le chef du secrétariat du ministère du commerce et des manufactures, Signé : BAYNAUX,

N° 16.

[32] DISTRIBUTION DES AVERTISSEMENTS.

(Extrait du jugement du tribunal de Besançon, du 6 août 1849.)

Sur l'exception qu'il fait résulter de ce qu'il n'aurait pas reçu avant l'assignation l'avertissement prescrit par les articles 63 et 64 des statuts : attendu que le but unique de cette prescription est d'éviter qu'il ne soit fait à celui qui est en retard de se libérer des frais qui ne seraient pas nécessaires; que l'associé peut donc, s'il est poursuivi avant l'accomplissement de cette formalité, exiger que l'assignation ne soit regardée que comme un avertissement et se soustraire au paiement des frais qu'elle a occasionnés en acquittant immédiatement sa dette, mais qu'il n'est pas permis d'attribuer à ce défaut d'avertissement l'effet d'annuler les poursuites; qu'on le peut d'autant moins que la peine de nullité n'est pas attachée à l'inobservation des dispositions dont il s'agit; qu'en fait, l'appelant, après avoir reçu l'assignation, n'a pas offert réellement de se libérer.

N° 16 BIS.

[33] ÉTATS DE RECOUVREMENTS.

Délibération du Conseil d'administration du 9 janvier 1833.

Le conseil d'administration,

Ouï les propositions à lui faites par le directeur de l'autoriser :

1° A lever tous les ans, à dater de 1833, les *maximums* des quatre classes, afin de former, avec l'excédant des ressources que les exercices laisseraient sur les charges, une réserve nouvelle, l'ancienne ayant été absorbée par les exercices 1831 et 1832;

2° A porter la réserve, par le moyen dudit prélèvement, à un et demi par mille de la masse assurée existant au 1er décembre de chaque année, *quantum* fixé par l'ordonnance royale du 24 juin 1828, lequel ne peut être dépassé;

3° A maintenir constamment la réserve à ce taux de 1 1/2 par 1,000 de la masse assurée, lorsqu'elle l'aura atteint, c'est-à-dire d'y verser, en faisant un appel sur les *maximums* ce que les exercices qui dépasseraient leurs ressources y auraient pris;

4° A n'avoir plus un compte à part, pour la réserve, chez les banquiers de la Société, jusqu'à ce qu'il en soit autrement décidé;

Considérant que les propositions précitées sont faites uniquement dans l'intérêt de la Société, et que les trois premières ont pour but unique d'en consolider l'existence par tous les moyens que la prudence indique;

Considérant que les exercices 1831 et 1832 ont absorbé l'ancienne réserve; que dès-lors il est indispensable d'en constituer une nouvelle aussi rapidement que possible, et que le seul moyen d'y parvenir est d'y verser, non plus le tiers des *bonis* que laisse les exercices ainsi que cela avait lieu précédemment, mais les *bonis* entiers, et que si l'on eût suivi cette marche pendant les premières années de l'établissement, l'excédant des ressources sur les dépenses de 1832 eût été facilement comblé;

Considérant, en outre, qu'il importe que la réserve présente toujours, autant que possible, un en-caisse qui inspire toute sécurité aux sociétaires pour le remboursement des dommages que les incendies viendraient à leur causer;

Considérant enfin que tant que les banquiers de la Société seront ses créanciers, il est juste de les couvrir de leurs avances avec les ressources sociales, telles qu'elles soient, et qu'il est juste aussi que ce remboursement rapporte 6 pour cent d'intérêt et non 4 pour cent, ce qui arriverait si les fonds provenant des *bonis* des exercices à venir étaient versés sous la dénomination de fonds de réserve;

Vu l'ordonnance royale du 24 juin 1828 et l'article 76 des statuts;

ARRÊTE à l'unanimité :

ARTICLE 1er. Il est créé, à dater de 1833, une nouvelle réserve, l'ancienne ayant été absorbée par les charges des années 1831 et 1832.

Art. 2. Les *maximums* seront levés tous les ans sur les sociétaires des quatre classes, et les *bonis* que laisseront les exercices versés dans la réserve, jusqu'à ce que celle-ci présente un en-caisse de un et demi par mille du capital assuré par la Société au 1er décembre de chaque année, *quantum* fixé par l'ordonnance précitée, lequel ne peut être dépassé.

Art. 3. Ce taux une fois atteint, on ne lèvera sur les *maximums* que ce que le remboursement des charges annuelles exigerait.

Art. 4. Lorsque la réserve aura été entamée pour couvrir l'excédant de charges sur les ressources d'un exercice, on la complètera en prélevant de nouveau les *maximums* sur les quatre classes, pendant un ou plusieurs exercices, si cela est nécessaire.

Art. 5. Jusqu'à ce qu'il en soit autrement décidé, il n'y aura plus de compte distinct pour la réserve chez les banquiers de la Société ; en conséquence, les *bonis* que laisseraient les exercices à venir seront versés au compte des fonds sociaux, où ils serviront à faciliter les opérations financières de l'établissement, et où ils lui rapporteront 6 pour cent d'intérêt par an.

N° 17.

[34]   JURIDICTION ARBITRALE.

Arrêt de la Cour de cassation, 10 juillet 1843.

La Cour, attendu que la compétence des tribunaux est de droit commun ; qu'il n'y a d'exception à ce principe d'ordre public que pour les sociétés de commerce, et dans le cas d'arbitrage volontaire ;

Attendu que la police d'assurance à primes, du 28 septembre 1837, souscrite par la compagnie l'Alliance et par Prunier, n'a établi entre eux aucune association commerciale, et qu'ainsi l'article 51 du Code de commerce, relatif à l'arbitrage forcé, ne peut recevoir d'application ;

Attendu que l'article 332, même Code, qui autorise la soumission des parties à des arbitres, en cas de contestation, ne peut pas d'avantage être appliqué à l'espèce ; car cet article n'a pour objet que les assurances maritimes ; — que ces assurances, réputées actes de commerce par l'article 633 du Code de commerce, sont soumises à une législation particulière et spéciale, dont les règles ne sauraient être étendues par le juge, sans un évident excès de pouvoir, aux assurances terrestres contre l'incendie, lesquelles ne sont pour les assurés que des actes purement civils ;

Attendu que les arbitrages volontaires sont régis par le titre unique du livre 3 du Code de procédure ;

Attendu que, par l'article 15 de la police du 28 septembre, la compagnie l'Alliance et Prunier ont, à la vérité, stipulé que toute contestation sur les dommages d'incendie, sur les opérations et évaluations des experts et sur l'exécution de la police, serait jugée en dernier ressort, à Paris, par trois arbitres ; mais qu'ils n'ont pas désigné les noms de ces arbitres, comme le prescrit l'article 1006 Code proc. ;

Attendu que l'article 1003 de ce Code, qui autorise toute personne à compromettre sur les droits dont elles ont la libre disposition, ne doit pas être pris isolément, et comme proclamant un principe général affranchi de toute condition ;—qu'il faut, au contraire, combiner cet article avec ceux qui le suivent immédiatement, et surtout avec l'article 1006 ; d'où il résulte qu'on ne fait pas un compromis valable, ou ce qui revient au même, qu'on ne compromet pas valablement, lorsqu'on ne désigne pas l'objet du litige et les noms des arbitres ; — que la distinction entre une convention compromissoire et un compromis, n'est établie par aucune disposition de loi, et qu'on ne saurait l'admettre sans méconnaître le véritable esprit du Code de procédure au titre des arbitrages ; — qu'on invoque inutilement, pour valider dans les matières civiles la clause dite compromissoire, l'art. 1134 du Code civil, puisque les conventions ne tiennent lieu de loi à ceux qui les ont faites, que lorsqu'elles sont légalement formées, et qu'une convention n'est pas légale quand elle est dépourvue des conditions expressément exigées par le législateur ;

Attendu que l'usage d'insérer dans les polices d'assurances contre l'incendie une stipulation identique avec celle de l'article 15 de la police du 28 septembre 1837, ne peut prévaloir sur l'article 1006 (Cod. proc.), dont les dispositions sont prescrites à peine de nullité, et que, d'ailleurs, l'article 1029 du même Code, déclare qu'aucune des nullités, amendes et déchéances qu'il prononce n'est comminatoire ;

Attendu que si l'on validait, dans le cas d'assurances contre l'incendie, la simple convention ou clause compromissoire, il faudrait reconnaitre et consacrer sa validité dans tous les contrats lors desquels on aurait consenti en cas d'inexécution ou de difficultés dans l'exécution, se soumettre à des arbitres non désignés ; — que cette stipulation deviendrait en quelque sorte banale et de pur style ; — que l'exception au droit commun serait la règle, et que l'on serait privé des garanties que présentent les tribunaux ;

Attendu que l'obligation de nommer des arbitres lors du compromis a pour but d'éviter les incidents et les procès sur la composition d'un tribunal arbitral, et principalement de mettre les citoyens en garde contre leur propre irréflexion, qui les porterait à souscrire avec trop de légèreté et d'imprévoyance à des arbitrages futurs, sans être certains d'avoir pour juges volontaires des personnes capables et dignes de leur confiance ; — que, dans l'espèce actuelle, l'importance et la nécessité des prescriptions de l'article 1006 ressortent avec clarté de la position même que les assureurs veulent faire à leurs assurés pour la décision de tous leurs différends ; — qu'en effet, la compagnie l'Alliance, dont le siège principal est à Paris, et qui étend ses opérations sur toute la France, veut, à l'aide de l'art. 15 de la police, forcer les assurés, quel que soit leur domicile, quelque considérable ou léger que soit le dommage éprouvé, de constituer à Paris, où peut-être le plus grand nombre n'ont aucune relation d'affaires, et ne connaissent même personne, loin du lieu où les sinistres se sont effectués, et où le préjudice qu'ils ont causés peut seulement être vérifié et apprécié, un tribunal arbitral qui les jugerait souverainement ;

Attendu qu'il suit de ce qui précède, qu'en déclarant nulle la convention d'arbitrage de la police du 27 septembre 1837, pour défaut de désignation du nom des arbitres, non seulement l'arrêt attaqué n'a violé aucune loi, mais qu'il a fait une juste interprétation de l'article 1134 Cod. civ., et une juste application des articles 1003 et 1006 Cod. proc. ; — sans qu'il soit besoin d'examiner si l'objet du litige avait été suffisamment indiqué ; — rejette, etc.

Du 10 juillet 1843. — Ch. civ. — Prés., M. Portalis, p. p.; rapp., M. Thil. — Concl. contr., M. Hello, av. gén. — Pl., MM. Ledru-Rollin et Béchard.

N° 13.

[35]   RECOUVREMENTS DE COTISATIONS SUR DES SOCIÉTAIRES CRÉANCIERS
D'EXERCICES CLOS.

Consultation donnée par M. Delachère, avocat à la Cour d'appel de Dijon, au sujet de la compensation opposée par des incendiés incomplètement indemnisés. (Juin 1843.)

Le conseil, soussigné, consulté par le directeur de la Mutualité, sur la question de compensation, est d'avis de la résolution suivante :

La compensation opposée d'une manière générale de la part des assurés à la Société, contre ce qui peut leur être dû par suite d'une indemnité incomplète à ce qu'ils doivent eux-mêmes pour le montant de leurs cotisations, ne peut pas être admise, et, certes, il n'y a pas un magistrat qui pourrait hésiter un instant à la rejeter.

La compensation est un mode d'extinction des obligations ; c'est un véritable paiement qui éteint les deux dettes jusqu'à due concurrence, mais il faut pour cela que les deux dettes soient également liquides et exigibles, conformément aux dispositions de l'article 1291 du Code civil.

Or, les incendiés des années à indemnités incomplètes, ne sont créanciers de la Société qu'éventuellement ; c'est-à-dire qu'ils le deviendraient effectivement, alors qu'un exercice ayant couvert ses propres charges laissera un boni à distribuer ; alors ils deviendront créanciers de la Société du marc le franc dans ce boni, ou de la totalité si ce boni peut tout payer.

On voit donc qu'il n'y a pas encore de créance, parce qu'elle dépend d'un évènement futur et incertain, et que ce n'est qu'après l'accomplissement de cet évènement qu'il y aura réellement une créance exigible ; dès lors il n'y a pas de compensation possible.

On peut et l'on doit encore ajouter à ces principes, qui ne peuvent être contestés par personne, que la nature de la dette que l'on voudrait compenser s'y oppose absolument.

La dette de l'assuré envers la Société, résulte des statuts qui sont sa loi et dont il n'est pas permis de s'écarter.

Or, par cette loi toute spéciale, chaque assuré est tenu de verser à la Société, au commencement de l'année sociale, moitié de la portion contributoire (art. 90) ; à la fin de l'année, le reste de la portion contributoire est recouvré. Le sociétaire est tenu d'acquitter sa quote-part dans la quinzaine (article 63) ; après ce délai de quinzaine, il peut être poursuivi et l'effet de sa police est suspendu.

Voilà la loi même de la Société, sans laquelle elle n'existerait pas, et à laquelle tous les associés sont obligés de se soumettre ; il n'y a donc pas de compensation possible, puisque sans l'exécution stricte et littérale des statuts, il serait impossible de payer les sinistres et la Société serait anéantie.

Et il faut bien qu'il en soit ainsi, car les cotisations de chaque année sont d'abord destinées à payer les sinistres de chaque année, sans égard aux anciens qui n'ont droit qu'au boni, et dès lors on ne comprendrait pas comment il pourrait y avoir lieu à compensation.

Au surplus, le juge de paix du canton de M..., a reconnu que la compensation n'était pas possible, mais il a décidé que, l'assuré ayant formé une demande reconventionnelle excédant sa compétence, il devait renvoyer les parties à se pourvoir devant leurs juges compétents.

En cela il a mal jugé et la Société doit interjeter appel de sa décision.

En ne condamnant pas immédiatement l'assuré au paiement de la somme qu'il reconnaissait devoir, il a implicitement admis la compensation qu'il repoussait dans ses motifs.

Il est bien clair que si la compensation n'était pas possible, il fallait à l'instant même condamner la partie qui ne se prétendait libérée que par ce mauvais moyen.

L'appel de la Société sera infailliblement accueilli.

[36] APUREMENT DES COMPTES DE 1841.

Séance du 11 août 1843.

Article 1er. Les comptes de recettes et dépenses de l'exercice 1841, demeurent apurés ;

Art. 2. L'excédant de dépenses sur les recettes, pour les fonds sociaux, qui s'élève à la somme de *neuf mille huit cent cinquante-quatre francs soixante-seize centimes,* sera reporté par le directeur au débit du fonds social exercice 1842.

[37] APUREMENT DES COMPTES DE 1843.

Séance du 18 janvier 1847.

Le conseil d'administration, prononçant sur l'apurement des comptes de 1843,

Arrête :

Article 1er. Les comptes des recettes et dépenses de 1843, demeurent apurés ;

Art. 2. L'excédant des dépenses sur les recettes, pour les fonds sociaux, qui s'élève à *dix-neuf mille neuf cent quatre-vingt neuf francs vingt-cinq centimes,* se trouve comblé par le report au débit social sur 1844 de pareille somme divisée comme suit :

Sur fonds de pompe.	14,863 f.	00 c.
Sur fonds de prévoyance.	5,126	25
Total. . . .	19,989 f.	25 c.

[38] APUREMENT DES COMPTES DE 1844.

Séance du 18 janvier 1847.

Le conseil d'administration, prononçant sur l'apurement des comptes de 1844,
Arrête :

Article 1er. Les comptes des recettes et dépenses de l'exercice de 1844, demeurent apurés;

Art. 2. L'excédant des dépenses sur les recettes, pour les fonds sociaux, qui s'élève à la somme de *quatre-vingt huit mille vingt-trois francs soixante-cinq centimes,* sera reporté au débit du compte social de 1845.

[39] DÉLIBÉRATION DU 2 JUIN 1842, PRONONÇANT LA DÉCHÉANCE DE TOUT DROIT AU BONI A L'ÉGARD DES SINISTRES N'AYANT PAS CONTINUÉ LEUR ASSURANCE APRÈS LA RECONS-TRUCTION.

Séance du 2 juin 1842.

« Extrait du registre des délibérations du conseil d'administration de la Société d'assu-
» rances mutuelles immobilières contre l'incendie, de Dijon, et du procès-verbal de
» sa séance du 2 juin 1842. »

L'an mil huit cent quarante-deux, le deux juin, le conseil, réuni sur la convocation du directeur, était composé de MM. Saverot, Chanut, Petitjean de Marcilly, Poncet, Morelot, Delachère, Delaverne, Hubert, Guillemot, Lorin et Peignot.

Sur la question de savoir si l'individu qui sort de la Société peut prendre part aux bonis des années suivantes.

Le conseil, après une longue discussion,

Décide que tout incendié, non complétement indemnisé, qui est sorti de la Société depuis le sinistre qu'il a éprouvé, perd tout droit aux bonis des années suivantes, auxquels il ne contribue pas, et que la Société ne doit rien lui payer.

Et ont signé au registre : L.-L. Saverot, Petitjean de Marcilly, Delachère, Poncet, Hubert, Guillemot, Lorin, Peignot, Chanut, Laverne.

N° 19.

[40] DOMMAGES ET INTÉRÊTS.

Délibération du conseil d'administration du 18 septembre 1849.

Cejourd'hui, dix-huit septembre mil huit cent quarante-neuf, le conseil d'administration de la liquidation de la Société a pris la décision suivante :

Considérant qu'à raison des motifs exposés par le directeur-liquidateur, il y a lieu d'actionner les assurés retardataires, non seulement en paiement des fonds de prévoyance et des portions contributives formant le montant arriéré de leurs cotisations, mais encore pour obtenir des dommages-intérêts, dont le directeur-liquidateur aura la faculté de fixer le montant;

Considérant qu'aux termes de l'article 90 des statuts, aucune instance de cette nature ne peut, à raison des dommages-intérêts à demander, être engagée et suivie sans une autorisation formelle du conseil d'administration, et après avoir pris l'avis des avocats et avoués de la société ;

Le conseil d'administration, après avoir consulté lesdits avocats et avoués,

ARRÊTE :

M. Louis-François-Léonidas Nicolas, directeur-liquidateur de la Société, est autorisé à poursuivre, par toutes les voies légales, le paiement de tous dommages et intérêts, indé-pendamment du montant des cotisations dues par les assurés retardataires; à paraître à cet effet devant tous juges et tribunaux, plaider, traiter, transiger, compromettre, obtenir tous jugements et arrêts, les mettre à exécution ; faire, enfin, tout ce qui sera nécessaire pour parvenir à l'encaissement des sommes réclamées, les recevoir et en donner quittance.

Ce qui doit servir à déterminer la compétence, ce n'est ni la somme *due* ni la somme *adjugée*, mais la somme *demandée*.

L. 19, § 1er, Dig. DE JURISDICTIONE. *Quoties de quantitate ad judicem pertinente quæritur : semper quantum petatur quærendum est, non quantum debeatur.*

Loi 16-24 août 1790, tit. 3, art. 9, 10. — Tit. 4, art. 5.

Loi du 11 avril 1838, art. 12.

Loi du 25 mai 1838, art. 1, 3, 8, 9.

Questions de droit de MERLIN. Voy. dernier ressort, § 4.

Répertoire de MERLIN. Dernier ressort, § 4.

HENRION DE PANSEY, *Compétence des juges de paix*, ch. 12, p. 95-486.

PIGEON, t. 1, p. 517.

CARRÉ. — *Compétence*, t. 2, p. 51.

BERRIAT-ST-PRIX, t. 1, p. 33.

Cassation, 17 thermidor an XI. — SIREY, t. 3, p. 355 de la deuxième partie.

Journal du Palais, t. 15, p. 546.

Cassation, 7 mai 1829. — SIREY, t. 29, p. 179.

Il n'est pas permis de distinguer là où la loi ne distingue pas, et de créer des exceptions qu'elle ne fait pas.

Lorsque la loi a voulu que la demande de dommages-intérêts ne comptât pas pour la fixation de la compétence, elle l'a dit. C'est ce qu'elle a fait, notamment dans l'article 2 de la loi du 11 avril 1838, quand elle a dit qu'il serait statué en dernier ressort sur les demandes de dommages-intérêts, quand elles seraient fondées exclusivement sur la demande principale elle-même.

Lors de la confection de la loi, le sens de cette exception a été expliqué, et il a été dit que, dans les autres cas, la demande de dommages-intérêts serait comptée pour la fixation de la compétence. (Voy. *Bulletin des Lois*. — DUVERGIER, t. 38, p. 209, note 1.)

La jurisprudence de la Cour de cassation s'est prononcée dans ce sens restrictif :

Cassation, 7 mai 1829. — SIREY, t. 29, p. 179.

Id.,   19 novembre 1844. — *Id.*, t. 45, p. 276.

La loi du 25 mai 1838, sur la compétence des juges de paix, contient aussi une disposition de laquelle il résulte que, dans un cas déterminé, la demande de dommages-intérêts ne doit pas compter pour la fixation de la compétence. L'article 7 porte : « Les juges de paix connaissent, à quelques sommes qu'elles puissent monter, des demandes reconventionnelles en dommages-intérêts, fondées exclusivement sur la demande principale elle-même. »

Aucune loi n'a dit que la demande de dommages-intérêts formée par le demandeur, et basée sur des faits antérieurs au procès, ne serait pas prise en considération pour la fixation de la compétence.

C'est en vain qu'on a dit que la demande de dommages-intérêts avait été faite pour échapper à la compétence du juge de paix. — Le législateur savait bien que l'exagération de la demande pourrait avoir ce résultat. Cette considération ne l'a pas déterminé à faire une exception. Les tribunaux n'ont pas le droit de corriger la loi, même pour l'améliorer. Chaque jour on exagère à dessein la demande pour échapper au dernier ressort. Est-il jamais venu à la pensée d'aucune Cour d'appel de déclarer l'appel non recevable parce que la demande aurait été exagérée ? C. de L.

[42]   DURANTON. — DU CONTRAT DE SOCIÉTÉ.

393. — Chaque associé est débiteur envers la société de tout ce qu'il a promis d'y apporter (art. 1845), et il doit effectuer sa mise à l'époque convenue.

Lorsque cet apport consiste en un corps certain et que la société est évincée, l'associé en est garant envers elle de la même manière qu'un vendeur l'est envers un acheteur. *(Ibid.)*

Il en doit être de même, et par les mêmes motifs, en ce qui concerne la contenance déclarée au contrat, etc., etc.

398. — L'associé qui devait apporter une somme dans la société, et qui ne l'a pas fait, devient de plein droit, et sans demande, débiteur des intérêts de cette somme, à compter du jour où elle devait être payée.

Il en est de même à l'égard des sommes qu'il a prises dans la caisse sociale, à compter du jour où il les a tirées pour son profit particulier.

Le tout sans préjudice de plus amples dommages-intérêts, s'il y a lieu. (Art 1846.)

Le Code, considérant que le contrat de société a essentiellement pour but l'intérêt commun de toutes les parties ; qu'il est particulièrement du nombre de ces contrats que les jurisconsultes romains appelaient *bonæ fidei*, pour indiquer qu'ils sont plutôt régis par les règles de l'équité que par les principes rigoureux du droit ; le Code, disons-nous, déroge ici à deux de ses principes :

1º A celui d'après lequel, dans les obligations qui se bornent au paiement d'une certaine somme, les intérêts ne courent que du jour de la demande (art. 1153), tandis qu'ici ils court de plein droit du jour de l'échéance du terme, ou du jour où l'associé a tiré la somme de la caisse sociale pour son avantage particulier, en sorte qu'il n'est pas même besoin d'une simple sommation pour les faire courir.

2º Les dommages-intérêts, dans les obligations de sommes, ne consistent jamais, dit le même article, que dans la condamnation aux intérêts fixés par la loi, sauf les règles particulières au commerce et au cautionnement ; et il faut ajouter, avec l'article 1846, et au contrat de société ; car cet article, dans sa disposition finale, ne s'applique pas seulement aux sociétés de commerce, puisque cette même disposition est générale, et que dans le Code civil on s'occupe principalement, pour ne pas dire exclusivement (voy. art. 1862), des sociétés non commerciales ou civiles.

Ainsi, dans le cas où un associé, en n'effectuant pas sa mise au jour convenu, ou en tirant de la caisse sociale une somme pour son avantage particulier, aurait empêché la société de faire une opération avantageuse, ou lui aurait occasionné des frais de la part de ses créanciers qu'elle n'a pu payer faute de cette somme, l'associé, outre l'intérêt légal, devrait être condamné à des dommages-intérêts envers la société, et ces dommages-intérêts seraient dus comme les intérêts eux-mêmes, sans qu'il fût besoin d'une mise en demeure particulière, ainsi qu'il en faut dans les cas ordinaires. (Art. 1146.). — Ces mots : *le tout sans préjudice de plus amples dommages-intérêts, s'il y a lieu*, de notre article 1846, signifient clairement que le législateur les accorde, si le cas y échet, d'après les mêmes principes qui lui fait accorder les intérêts de plein droit.

[43] EXTRAIT DU JUGEMENT DU 1er JUIN 1852, RENDU EN LA JUSTICE DE PAIX DE NOROY.

Statuant sur la demande en dommages et intérêts des demandeurs.

Considérant que le défendeur est un simple maçon peu lettré ; qu'il a eu le malheur d'être incendié, et que l'on peut prendre en considération son ignorance des affaires,

Le condamne seulement à 2 francs de dommages et intérêts envers la liquidation, etc.

Nota. — Il s'agissait d'une cotisation de 1 fr. 60 c. par an.

TABLE DES MATIÈRES.

FIN.

ERRATA.

Page 3, ligne 18, *il ;* lisez : *ils.*
Page 13, note 32, ajoutez : *n° 16.*
Page 15, note 33, *n° 16 ;* lisez : *n° 16 bis.*
Page 16, note 35, *n° 17 ;* lisez : *n° 18.*
Page 21, ligne 3, *4 juin 1849 ;* lisez : *18 septembre 1847.*
Page 21, note 40, *4 juin 18449 ;* lisez : *18 septembre 1849.*

DIJON, IMPR. DE Mᵐᵉ NOELLAT.

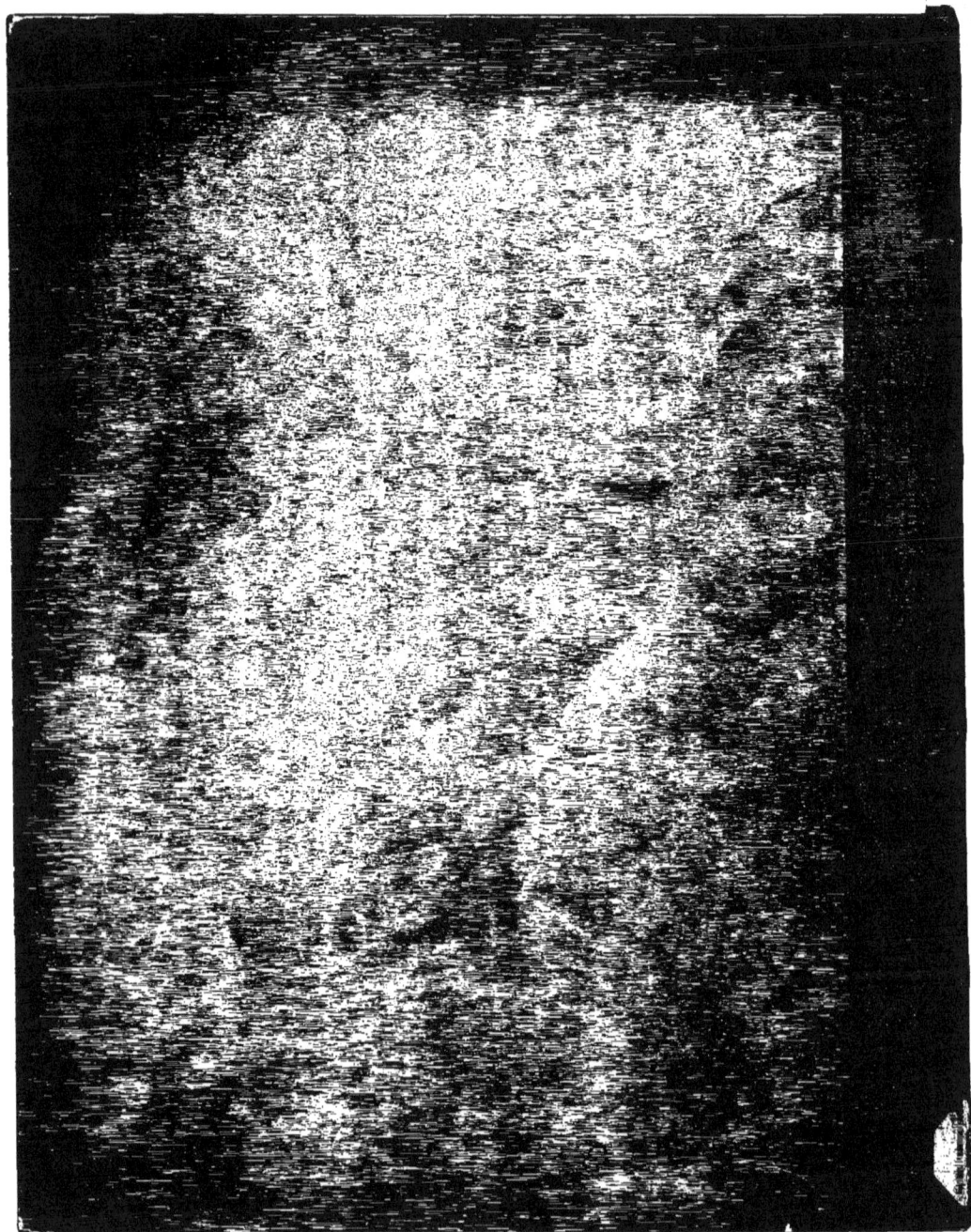

www.ingramcontent.com/pod-product-compliance
Lightning Source LLC
Chambersburg PA
CBHW071233200326
41521CB00009B/1452